设计的修养

殷智贤
主编／访谈

中信出版集团 | 北京

目录

换一个高度生活

如果信仰、自然、政治、经济、文化、民俗、时尚……这些对设计有着深刻影响的力量没有被深入了解，设计所潜藏的蓬勃的创造力就无法充分发挥。在完成了物质上的算术级的积累后，实现由审美、创意、观念等维度生成的价值，正是当下产业升级和生活品质升级的空间。

今日的中国，在其他地方奏效的逻辑、规律，在这里似乎都不适用，我们面对的是有着无限可能性的存在——我们敢做别人不敢做的尝试，用尽能够想到的方法，快速地建立了一个崭新的世界。然而，一路狂飙后，我们是否会如菲茨杰拉德所慨叹的那样："我们继续奋力向前，逆水行舟，被不断地向后推，直至回到往昔岁月？"

不能不看到今日的中国在爆发了惊人的创造力的同时也存在着一些令人担忧的破坏力——当发展变得不惜代价时，对环境的破坏和对人心的扭曲就变成了必要的手段而不会受到节制，传承和诗意都是可以被忽视的价值，积累了物质的、直观的、可测量的东西成了衡量发展的至上准则，那些为心灵、爱、审美等良性的互动和抽象的价值投入时间和金钱的方式遇到了诸多反向的挑战。那么，我们所寻求的发展怎样才能走出过度物化的陷阱？怎样开拓通往更宽广境界的途径？在被以工业文明为代表的西方文化冲击后，我们能否在弥漫于亚洲的“西方文化斯德哥尔摩综合征”中找回文化自信？能否在食古不化的陈旧观念中保持清醒，勇敢地拥抱未来，从而找到一条真正适合中国同时又能给全世界带来福祉的道路？

在这场探索中，中国不仅需要解决自身生存和发展的问题，以中国目前在世界上的影响力，也需要看到中国模式对人类的生存和发展意义重大。肩负着这样的大国使命，我们呈现出的价值观、行为方式、审美标准和器物产品能够给人类带来什么有益的、可持续的启发？

修养是物质之上的维度，是我们发挥精神价值的一种能力。

有什么样修养的国民，就会有什么样品质的社会。时下，无论个人还是国家，如果视野和思维停留在制造业阶段，只着意积累有形价值，其实已经举步维艰了。

突破只能产生在无形价值的创造上！

需要正视的现实是，我们的现代生活经验还处在初级阶段，由于消费经验和生活体验存在着明显的城乡差异、阶层差异乃至时代差异，对一个产品的设计价值达成共识的社会机制尚在逐步形成的过程中，而这种无法达成共识的现状会使“设计要为谁服务”“什么才叫圆满地完成设计任务”“动用多少资源、采用什么手段才是合理的”这些问题的答案变得飘忽不定，这不仅不利于催生品质优良的设计，反而给劣质的设计提供了大行其道的机会。

提高设计修养，具备对更高阶价值的认知与信心，这不仅是为了使我们个体具备超越一般物质的眼界和高度，更是为了整个社会能够做出更符合长远利益和公众利益的判断。从这个意义上说，提高设计的修养不是一场风花雪月，而是整个社会发展方式和生活方式升级的一个突破口，是我们在什么高度上去生活的一种选择。

除了产品的功能升级，设计如何创造新的技术，如何更新使用方式，如何塑造能带来审美愉悦的视觉形象，如何保障人们的安全和健康，如何生发人与人、人与物、人与环境的友善关系，如何提供更丰富的生命体验，等等，都是设计可以实现的高阶价值，也是我们品评设计水准的诸多维度。

三年多前，当我辞职后，曾下决心让自己什么都不做，好好享受一个长假。在一次旅行中，我的朋友艾伯特·帕拉维问我："以后你有什么打算？"我说："还没想好，也不想马上做决定。这个世界正处在又一轮的转型期，很多东西都不明朗，需要看清方向才知道什么是未来。"艾伯特说："现在全世界都高度关注中国，中国有那么深厚的历史积累，那么丰富的文化，你是中国人，应该有很多机会做事。中国人现在有钱了，但还不够美，我们没有办法从很多中国人身上看到，他们来自一个有着深厚文化传承的国家。"

那时正值黄昏，山冈苍翠，夕阳悠然地与我们告别，不做盘桓。我忽然觉得，每一个文明的光辉亦如这夕阳，有璀璨，也会有黯淡。没有哪个民族能幸运到一直都被历史垂青，如果在下一个清晨到来前，我们还没有醒来，便会错过又一次日出。

人类虽然一直要为生存而战，但不能仅仅为了生存而战，有别于动物层面的生存是：人活着还需要精神。

设计作为一种兼顾物质与精神双重价值的人类活动，有其独特的存世使命。设计的修养是由价值观、见识、专业知识和生活经验共同完成的。对于今日的中国，这是一项亟待开启也需要各方人士积极推动的事业。

书中所有受访嘉宾在听到我的选题后，都怀着诚挚的善意参与到这个项目中——他们拿出各自积累的精华和大家分享。这里面有反思，有启发，有批判，有展望。希望凝结了这么多人心血的著作，可以带给大家有益的启发。

日常生活篇

为了好生活，选择好设计

张永和

人性的本质没有什么根本性的变化，在这种稳定性的基础上，设计怎么解决时代性的问题？今天中国解决问题的很多思维方式、手段，都透露出一种价值观不是很清晰的状况，标准不是很稳定，成果也良莠不齐。今天流行板材家具，学学北欧，明天新中式流行了，又改追新中式，包豪斯、巴洛克风格都被作为理想生活范本追求过，这种选择的逻辑显然是因为没想清楚自己要什么，也不知道今天中国的问题是什么，自然也不能从深层次解决我们当下的问题。

设计的本质是为了更有效地解决人类生活中的各种问题，将什么视为问题、用什么方式解决、解决得如何，都是设计要回答的问题。

但大众对一个问题的认识常常需要一个启发的过程，正如iPhone手机诞生前，没有人认为自己需要这样一台手机。所谓公众的设计修养，大多数时候并不在于设计诞生前的预期能力，而在于诞生后的理解力和接受力。

提高全社会的设计修养的意义正在于减少某种偏执或短视带来的物质及精神上的损失。提高设计修养的过程中，人们通过多方交流，使各自的判断方式和标准日趋成熟，这有助于我们对多样化的设计有更深入更丰富的理解和更大的包容，也会使我们对那些还在成长中的设计探索更有耐心。

与此同时，只有好设计的标准达成符合公共利益的共识，才有可能摒除劣质的设计，从而为真正的好设计留出足够大的存在空间。

有些人觉得好生活只属于有钱人，但很多人有了钱也仍然过着低品质的生活，因为真要去享受，需要意愿、见识和功夫。

选择什么样的器物陪伴在侧，如同选择什么样的伴侣共度此生，这其中个人的价值观、心性的修养、学识的积累及生活经验的沉淀，桩桩都比钱来得重要。

如何真正了解自己的需要，如何真正认出好设计，在浏览过大量信息后，最终还是要自己勤加修炼，独立思考。多一些维度审视某个对象，会使我们和这个器物之间的关系不那么表面、肤浅和单调，看待这些器物的眼光可以更长远，这些器物适用的情境也可以更多元。

从这个意义上，我们说设计的修养，是人对生活品质整体的理解和想象。张永和对设计之于生活的解读撇去了各种浮泛的泡沫，直接切入本质。从他的阐释中我们会看到设计如何塑造我们自身和我们的生活，我们若对这种关联有充分的了解，就知道要邀请什么样的设计进入我们的日常生活，才会让我们实现生活的理想。

殷智贤：您作为享誉世界的著名设计师，而且是全系列的设计师——不仅仅做建筑设计，您的设计作品涉及各个领域，我很想请教您怎么看待设计的修养？当我们说这个人有设计修养的时候，意味着他至少具备什么样的素质？

张永和：我一层一层解释吧。先说设计到底是干吗的。我发现消费者常常不清楚自己真正想要什么，或者是上了市场营销的当了，这也正常。本来设计是解决很实际的使用问题，而现在普遍是把解决问题跟创意性的思维结合在一起，认为“你不但要给我解决问题而且要富有创意地解决”才算设计。我想说这也不错，但是设计的根本是解决问题。所以常常出现一件产品原来是设计成这样，后来又被设计成另一个样子的现象，这个新的设计可能把原产品的其中一个问题解决得比原来好。比如你原来主要关注温饱问题，其他都凑合，现在你不想凑合了，就会产生新的要求。

设计的根本是解决问题。

举个例子，有中国筷子、日本筷子、韩国筷子。这三种筷子其实对应三种不同的饮食习惯。中国筷子偏粗大，日本的筷子头是尖的，韩国的筷子横切面是扁平的，因为各个国家的饮食习惯不一样。粗的、细的、尖的，竹的、木的、钢的筷子，都是针对不同的饮食需要而设计的。

从设计的本质来讲，设计需要去解决问题。但这个逻辑在今天的消费语境里常常不被认同。比如你买一双匡威球鞋，恐怕不只是因为它舒服。我现在有七八双匡威球鞋，其实我根本不需要那么多双，而是被推销了，不同颜色、不同图案各来一双。这种能不能算设计呢？我想也算，但这种换换花样的设计和设计的本质其实是不一样的。

所以，了解设计解决问题的本质是一个热爱设计的人的基本修养。你对设计的本质有了解，就会关心设计是如何解决问题的。今天有的设计不但不解决问题，还制造问题。例如宝马汽车，你就想不明白它为什么这么设计，因为它也没有一篇解说给你讲为什么如此设计，有时令人怀疑可能是为了不同而不同。那样的设计和设计的初衷是矛盾的。

一个优秀的设计师其实是要有定力的，不需要时就不设计，该设计的时候才设计。有一个人也这么认为，而且他做到了，他是深泽直人。所以你看深泽设计的产品会觉得他没设计，等到你用上时就会发现其实他是有设计的，因为用得特别顺。我有一次送给他一本书，他让我给他签字，当时他随身带的那支笔一看就是从旅馆里随便拿的，完全不是特殊的、设计过的或设计师作品什么的。所以我一下子就意识到其实设计对他来说不是一个风格的问题，他没有设计强迫症。

殷智贤：不是所有的东西都要有引人注目的设计，尤其是这个产品只需要满足基本使用需要时，附加更多的设计就是过度了。

张永和：对。还是刚才那个说法，现在人们要求设计同时有创意。创意其实牵扯到一件很有意思的事情，有的时候也容易走偏。比如有些设计师把自己标榜成艺术家，但艺术家创作之前是不是要服一点儿五石散，让自己进入“嗨”的状态？其实设计师不能这么干。

说到创造性，隋建国（当代著名雕塑家、装置艺术家）讲他在山东美术学院的一个老师，在上课之前，那位老师总要喝点儿，好像在不太清醒的状态下才会激发出想象力。可是设计的想象力实际上是在理性思维基础上的想象力，所以一个建筑师在工作的时候喝醉了，很难做好设计，因为你的设计得符合规范，建筑结构本身更强调逻辑性。

殷智贤：而且它有它的局限性或者规律，这个不是你可以随意否定的。

张永和：对，不是突发奇想的。所以这时候想象力可能得分两类。为什么说艺术家跟设计师不一样呢？艺术家创作，包括写诗、画画都可以借助一些外界事物让自己进入艺术创作的状态，例如喝点儿小酒什么的，当然也不是每个艺术家都这样。而设计师则需要一种冷静的想象力。

Alessi品牌的托盘。张永和采用的是Alessi经典的不锈钢材质，但却用荷叶的柔软突破钢材的坚硬，以制造一种有趣的反差。荷叶的形象是经典的东方文化符号，别具象征意义，出现在Alessi的产品系列中，也是对西方的“托盘”概念的一种拓展。

设计师是怎么工作的呢？实际上设计师在设计前得先把条件弄得特清楚，明确需要解决的问题是什么，都有哪些限制，例如造价的限制、材料的限制等。像我们给Alessi品牌设计的托盘，人家看家的工艺是冲压不锈钢，所以我们的设计一定得跟不锈钢有关系，一定得以冲压为制造方式，要不然这个东西就不是给Alessi做的了。这些一定都得先摸清楚了，再分析什么是更核心的点。

殷智贤：它有重要性排序。

张永和：对，它有排序。现在设计一个房子都追求出奇制胜的造型。但建筑并不一定总需要特别的外观。外观规矩的建筑，也可能里面特别有意思。

有一个案例，在柏林，美国建筑师弗兰克·盖里（Frank Gehry）

柏林DG银行总部贸易大楼，位于德国柏林。弗兰克·盖里在建筑内部设计了石门和一个壮观的不锈钢会议室，它的形状如一匹马的头藏在办公楼的中庭里。（视觉中国供图）

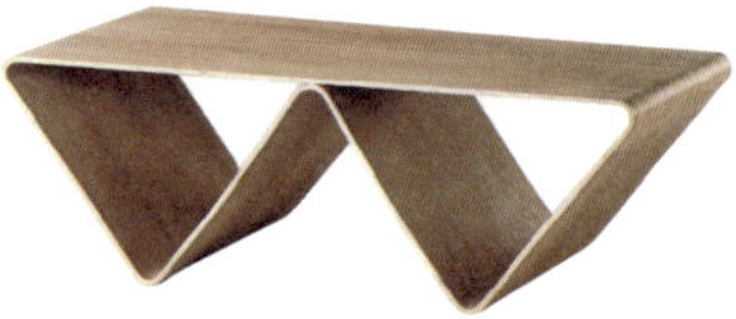

曲美“我爱瑜伽”家具系列。这是一套完全不按常规家具结构设计的作品。张永和的用意是给使用者更多的想象空间，让每个人找到自己使用家具的方式。“瑜伽”在梵文中有连接、结合的意思，寓意为人终归要找到自己内在与外在的连接点，并且无障碍地协调好身心。这套家具中，张永和试图弯曲胶合板，给使用者提供弹性体验。2016年作品。

给柏林DG银行设计了一幢房子，当时的市政规划有很详细的设计准则，要求房子就在勃兰登堡门附近，因为周边房子的平面全都是矩形的，所以盖里也得做一个矩形的。但他在建筑内部做了一个很有雕塑感的空间，让这个建筑的设计并没有因为外观而受到限制。

又例如，我们给某品牌做的家具就是理性的产物：第一，这个品牌是做木制家具的，我也以木头为材料；第二，我是建筑师，不会做家具节点，于是我们设计的家具都是一块木板弯成的，没有节点；第三，我发现胶合板这种材料能有点弹性，我就把它的这个特性利用起来了，让所有的椅子、凳子坐上去都有些弹性。这三个设计点都是经过理性分析的。灵感对我来说是不存在的。

可是有另外一个东西，对我的工作是很有帮助的，那就是广泛的文化修养。看各式各样的设计、阅读文学作品或非文学类书籍、看戏剧、听音乐，还有旅行……如果非要说有灵感的话,那是慢慢积累的。所以我设计的东西会跟我的经历有点儿关系，比如有时候我在设计一个建筑时也会想到一部电影。这些积累不是为了激发灵感，而更多的是提供一个参考系，那个参考系里有各式各样的东西，当然建筑可能在这里面也变成参考系的一部分。

如果真有灵感要来，还挺好的，但如果没有，你也不能就不设计了。而且设计不是画画，画一张不行再画，画一大堆可能出一张。设计是一个有逻辑的、理性的、渐进的思维过程。

殷智贤：对，它不能是碎片的或者是随机的。但灵感有时有很大的随机成分。

张永和：解决问题需要理性。这种理性包括了在一个大的文化参考系里做设计，如果我们意识到这个参考系，对设计的认识也会不一样。就像穿衣服，咱们一般说，皮肤黑点儿不适合某个颜色，或皮肤白点儿适合某个颜色。这是一种特别朴素直接的认识及设计反应。实际上有一些衣服的设计是带着想象的，比如短袖、不塞进裤子的花衬衫，五颜六色的，在英文里就叫夏威夷衬衫。因为它是在夏威夷有阳光、沙滩、棕榈树的环境里穿的衣服，或者说设计师想象你在那个环境里穿合适。如果你不知道设计师有这个想象，你在北京上班时穿，可能就穿错了。说到设计的修养，当然你可以通过看各种设计来提高，如果你对文化艺术有广泛的兴趣，听一些音乐，看一些电影，读一些书，肯定对提高设计的修养会有帮助。文化的修养就是设计的修养。

殷智贤：通常视力正常的人，主要是从视觉这个渠道接收很多信息的，感受也是由此生发的。这个时候人可能有两种倾向：一种是被一些奇特的不在他既往经验里的造型吸引，但与此同时，人还有另外一种倾向，就是对于比较熟悉的那些造型，会有共情。这两种倾向其实在人的心里是共存的，眼睛给我们创造了一些机会让我们去突破既有的经验，但眼睛同时也会固守这些经验，对于熟悉的东西更敏感，更容易将其捕捉到。所以在您的感觉里面，当我们说这个人要识别一个好设计的时候，经验到底能在其中发挥什么样的作用？怎么能够既享受经验带来的好处，又不会被经验限制住？

在消费一个东西的时候，得想清楚到底自己要怎么生活。

张永和：你说的这点就是今天北欧设计和英国设计的区别。英国设计就强调一些花里胡哨的（当然我显然带有偏见）、让人觉得跟以往的一切经验都不一样的元素；北欧设计强调的是这个东西有一个文化的根，例如做家具的传统材料等。我在上海听过一个北欧设计师的讲座，他讲了两个小时，就谈一把椅子的设计。他从几百年前芬兰人用桦木做剖鱼用的鱼刀把儿开始讲。

我自己比较认同后者。没有哪个对哪个错，这是两种态度。尽管

话剧《竹林七贤》舞美及服装，“非常建筑”设计事务所舞台美术设计作品。作品试图打造一个高度抽象的时空，所有布景都被吊装在脚手架上方，随剧情发展升降。服装方面，按照剧中的三派人物分为三种颜色：末代曹氏为黑，弑君的司马昭为红，竹林七贤为白。而其中具有复杂性的人物：如从曹氏叛变至司马家的钟会，穿双面服，外黑内红；原为曹氏公主却下嫁嵇康的曹璺，内穿黑褂，外穿白衣。为了和舞台美术中的抽象意味相合，服装全部采用空气棉制作，更具现代感、雕塑感。演员穿着这样的戏服表演似乎也成了行为艺术。不顺从也不控制人体的设计，既给了穿着者很大的自由，也对穿着者的驾驭能力提出了较高的要求。举手投足的造型做好后，服装是个有力的帮手，若不能驾驭，服装会吞没表演无力的演员。2016年作品。

北京雍和宫京兆尹餐厅。这是一个由四合院改造的素食餐厅。张永和没有对原来的院落结构做改动，只是将两进的院子做了清晰的功能区划分，一进院子作为室外就餐区，另一进则加了玻璃屋顶，成为室内就餐区。内饰采用木和砖的自然材料做装饰，与素食的生活理念相呼应。2012年作品。（舒赫摄）

我自己有选择，可是我也知道这两种态度是会一直存在的，因为它们都有吸引人的一面。

对设计消费者来说，设计的消费经验又有另一面，就是设计经验的传承。目前在中国，这种经验的积累是非常少的，是因为我们失去有质量的生活很久了，我们缺乏享受设计的经验。如果我们祖上是住在一个北京的四合院，上面三代都住在那里，了解四合院生活的乐趣和讲究，即使现在不住四合院了，也明白北京的日子该怎么过。现在大家都没住过四合院，虽然有经济条件，但也未必能领略到四合院这种设计的妙处，这是去欧洲旅游一个礼拜弥补不了的。

所谓的文化参考系跟经验的关系特别大。再说欧洲文化，穿西装、用刀叉什么的，背后都有文化积累。就像刀叉这两件东西，尽管咱们现在都会用，但其实有不同的用法。有一个特别有意思的用法，其实完全是拧巴的，我不知道你注意过没有：英国人用叉子是叉子尖朝下的，然后把食物往叉子背上堆，也堆不了多少，堆多了，吃起来就不体面了。所以这个用法是违反叉子的基本设计意图的。还有喝汤，在英国，喝汤时勺子是往外舀的。

殷智贤：在这方面，英国和法国有着截然相反的方式，这和历史上两国一直处于对抗的状态，故意要制造差异的传统有关。法国人是将叉子和勺扣着摆桌的，英国人正相反。喝汤时，英国人用汤匙舀东西的方向，和法国人也是正相反。为此，法国人经常嘲笑英国人。

张永和：猛吃猛喝当然不优雅，可是像英国人这样把一个设计拧着去用，也是挺特别的。

殷智贤：我觉得英国至今还保留着一种很突出的文化取向：制造等级差异。要制造人与人之间很明显的等级识别符号。用叉子背吃饭对人的餐桌礼仪要求很高，英式餐桌礼仪基本上是最繁复的餐桌礼仪了。坊间人们津津乐道的一个传说是英国女王可以非常优雅地将豌豆堆到叉子背上进食。意大利人开玩笑说，因为英国的饭菜太难吃了，没有那么复杂的礼仪，怎么把食物吃下去？！

张永和：我想一个人如果观察这些事，对他消费，或对他设计盆碗等餐具一定是有帮助的。

殷智贤：如果真的是给英国市场设计刀叉的话，叉子的角度和给法国人用的就要不一样。

张永和：这个很重要，现在的问题是经验的缺失。

殷智贤：很多中国人在享受高品质生活方面的经验是不足的，而一些20世纪50年代之前出生的人，面对新事物，他们会用旧的经验去解读，然后固守在那些经验里面，突破不了，以致新生活所需要的经验迟迟无法获得。

张永和：以前的经验更多是关于使用设计，现在才有消费设计这个词。常看到一种既缺乏经验又没自信的消费方式——攀比地买东西。你有我也得有，这或许也是一种经验，一种奇特的社交经验。

殷智贤：因为得有竞争的资本，而不是出于日常生活的需求。

张永和：这种经验如果真的是一个人自己的经验，我觉得是很可贵的。

殷智贤：刚才已经谈到了在我们当下有很多经验是缺失的，事实上我们在使用很多产品的时候，可能就会陷入某种单调，例如单调的使用习惯、使用方式等。我觉得其实设计在这里面有它的主动性，可以推动人们突破一些习惯，积累一些经验，拓展一些想象力，但可能一种有活力的积极的设计才能发挥这个作用。人们怎么能够认出或者是找到这样的设计，从而帮助自己去尝试一些新的使用方式，积累一些新的经验？我们怎么识别这样的设计？

张永和：这个我也答不出来，但是我想有一点，设计最终是让你获得有一定质量的生活，要不然就没意义了。所以你在消费一个东西的时候，得想清楚到底自己要怎么生活。

上海涵璧湾花园。张永和设计这幢别墅时希望创造一个建筑与环境融为一体的空间。设计围绕三个关键词展开：分、院、园。“分”，即化零为整，将建筑内各功能进行拆分重组，使一个建筑更像若干建筑的集合；“院”，拆分重组后的各个房间之间形成多个不同大小的围合院、半围合院，给住户提供可居的室外空间；“园”，这幢别墅有房间，但也有微缩的园林，房在景中，将整个居住环境打造出江南园林的感觉。2010年作品。（舒赫摄）

有时候亲身体验不是像想象的那么容易建立起来，对设计有一定了解之后，你会接受设计的建议，可能不再完全顺着自己原来的思路去认识一个设计了。

比方说男士对西装特别有兴趣，其实西装从设计上看就是一个矛盾体。一开始它是设计给不太运动的人——坐在办公室的人即今天说的白领穿的，这是一种静态的衣服。它很合身，但不舒适，太紧，可你穿上西装，你的姿态可能就变好了。所以你穿这种衣服，就要接受它塑造的那种姿态。

还有，你到底是在什么情况下使用某个产品？比如筷子是不是最好的设计？刀叉是不是最好的设计？我让你答，这是比较“恶毒”的一道题。

殷智贤：它俩不具有可比性。

张永和：就餐具而言，你觉得它俩哪个更能称为好设计？

殷智贤：如果从使用方式来讲，到底用筷子吃饭更好，还是用刀叉吃饭更好，这其实等于是设计给我们提供了不同的使用观念和使用场景。

张永和：咱先说吃中餐，中餐会有一道菜，例如宫保鸡丁，还有一碗饭。从功能的方面你选哪个餐具？

殷智贤：如果是吃中餐，我确实觉得筷子相对好用。因为宫保鸡丁的食材被切割得太小了，如果用刀叉吃，我觉得耗时过长，精力消耗比较大。

张永和：如果是吃西餐呢？

殷智贤：要看是吃什么，如果是大块红肉，真的只能用刀叉。

张永和：意大利面呢？

殷智贤：意大利面我觉得筷子也挺好用的，比刀叉好用。

张永和：这个问题不是我编的，是真的有人问过。答案是什么？勺子。在很多国家吃很多东西都用勺子，这是很广泛的选择。这就要看你遵循的是习俗还是本能。其实有好多设计会让你觉得有这个问题：要做设计但你又不想做选择，说筷子和刀叉都要。你见过这种设计吗？

殷智贤： 中国似乎有吧？

张永和： 我忘记在哪儿看到过这样一个设计：一双筷子，一头粗一头细，粗的那端就演变成一根安着叉子、一根安着刀。这种筷子和刀叉的结合倒不见得是消极的关系。

我见过一双很费劲才设计出来的鞋，是一个著名大学的设计学院做的，他们发现好多人特别是老人弯腰穿鞋挺费劲的，于是要用高科技解决这个问题。他们把鞋后跟设计成电动的，脚一踢，后跟就开了，脚一放进去，后跟就合上了，电池一个礼拜才需要换一次，你说逗不逗？

殷智贤： 这款鞋投产了吗？

张永和： 投产了，中国未必买得到，我估计能买到的地方不多，我觉得它太多余了。

设计得有一个度。至少20年前了吧，那时中国的设计还没发展起来，有一个德国人来中国给椅子拍照，他拍的都是一些奇奇怪怪的椅子，有的是很凑合的，像从汽车里拆出来的沙发。他拍的最后一把椅子是最精彩的，是一把没有椅子的“椅子”：照片中的中国人都蹲着。其实这里还牵扯到人跟设计的关系，实际上设计是可以设计行为方式和生活方式的。别人接受不接受是另一回事。

殷智贤： 但是设计本身可以这么干。

张永和： 对。像高跟鞋，我当然没穿过，它显然是不太舒服的，可是它还是被女性广泛接受的。

殷智贤： 因为女性要的是别的价值。在舒适和魅力之间，女性被灌输魅力比舒适重要，而高跟鞋可以让女性变得有魅力。这种价值排序是社会长期教化的结果，已经远离人的本能了，身体对舒适的正常感受被社会价值取向覆盖了，这些女性由衷地认可这样的排序，为此心甘情愿地忍受身体的疼痛。所以人的体验不都是由感官引导而积累的，也有很多是社会价值观先行赋予后，认同这个价值观的人逐步接受并强化生出的。

在今天，文化差异其实不是加大，而是趋向融合，所以根本不用分得这么细：到底谁是东方的，谁是西方的。对于设计者和使用者来说，现在分辨什么是东方的、什么是西方的，其实没有太大意义。

殷智贤：今天大家一直在争论东方文化或西方文化对于当下中国设计的影响。很多消费者也把文化作为一个认知的维度，说这个是中式设计，那个是西式设计。尽管这么分类非常粗糙，但是在交流时，这是一个比较好沟通的方式。像您出生在设计世家，您的父亲在中国的建筑美学上有非常高的造诣，而您本人不仅在西方受了设计教育，后来的很多设计运用的也是西方现代设计的理念和手段。在经过了这么长时间的设计实践之后，您认为东方文化和西方文化对于我们当下设计的影响到底有多大？真的有人们夸大的这样的影响吗？还是说时代走到今天，这种由地域制造的差异其实已经没有那么重要了？

张永和：这个问题其实你自问自答了，我给你加点儿“佐料”吧。我父亲非常懂中国古典建筑，他不但了解，还可以画出来，所以他可以设计出很像样的中国古典建筑。同时，我父亲又是一个极端“崇洋媚外”的人，他平时看的杂志和书全是欧美的。我们住在北京，父亲是杭州人，他的生活方式基本还是江浙的。东方和西方在我父亲这里一点也不矛盾，他就是这么一个人。我想借我父亲说的是什么呢——他那一代人已经有一些是“文化混血儿”了，我比我父亲那一代“混”得更厉害。1981年我第一次去美国，成年后基本一半的时间都在国外。

尽管生活在美国，但我对美国的很多文化的认同度是很低的，我对在中国和美国学到的好多欧洲文化，反而很认同。总之，这几个方面的不同背景和经验在我这里可以共处。我觉得，在今天，文化差异其实不是加大，而是趋向融合，所以根本不用分得这么细：到底谁是东方的，谁是西方的。对于设计者和使用者来说，现在分辨什么是东方的、什么是西方的，其实没有太大意义。

我觉得有一点回到了咱们的主题，这主题是“生活要有质量，设计能帮你推进这件事”。设计不应该是装饰或文化符号，文化也不应该是装饰或符号。这是最理性地谈设计了。

有一次，我的一个朋友被一个艺术史家问喜不喜欢某幅画，我的朋友说不懂，那个艺术史家说：“你不喜欢就说不喜欢，什么懂不懂的？”后来我发现懂的前提是喜欢，你要是不喜欢真的不会懂。

殷智贤：好多人有一种自卑，他们老觉得“我不懂，所以我没有能力说我喜欢不喜欢”。其实这只是思维惯性，不管你懂与不懂都存在你喜不喜欢的问题。

张永和：你看人跟人的接触也是这样，如果你喜欢某个人，你肯定对他了解得多，懂得多。

殷智贤：其实有很多时候你也不是因为对某样东西全懂了才喜欢它，是一边懂了一边喜欢，喜欢之后又更懂的。

张永和：对。也不是为了实用。对某种文化真的有了了解后，你再去使用和那种文化有关系的设计应该是一种享受。可是现在表现出来的文化差异都是符号化的，都是标签。

殷智贤：它既不是你的情感，也不是你的生活方式。

张永和：我和我哥去整理我父母的遗物，看到我父亲的长袍，我们俩都试穿了一下，就觉得穿着很奇怪。一开始我觉得是因为我胖，可我哥不胖，他说没有人穿着会觉得舒服，只不过过去的人习惯了。今天其实不会再穿那种衣服了，要穿也得改良。因为现在人们的姿态不一样了，很多人不愿意受衣服的限制，而那时候（民国时期）的人穿衣服愿意受限制。所以有时候一个属于自己文化基因的东西，也不见得都要继承下来。

这里面，可能有的人的生活习性30%是中国人的，70%是西方人的。如果你还去过别的地方，例如在东南亚生活过几年，那么你可能还有30%的是东南亚人的。生活习性由不同百分比构成，其实是当代人的特征。

殷智贤： 随着人口膨胀，发展一直都面临着资源不足的问题。那么怎么来理解设计可以帮助人们减缓这方面的压力？

张永和： 这是一个特别重要的话题。刚才说到一些了，其实就是得清楚两点。第一点是什么时候需要设计，什么时候不需要设计。不需要设计的时候你还设计，你可能就用了更多的能源。有一个英国人说其实最环保的方式就是改造老城，根本不建新房子。第二点是有些设计就是费能源的。咱们以前认为节约就是省能源，现在好像认为不浪费资源不够本儿似的。但是资源并没有增加，还是有限的，这样下来就变得更少了，比如水，结果环境每况愈下。

如果不了解自己，又被广告误导，就容易当牺牲品。

殷智贤： 设计真的是具有高度社会性的。艺术还可以回到个人世界里，设计不行，设计一定是面向社会的。既然谈到社会性的问题，我们也会看到其实很多人在做选择的时候，一直认不清自己的需求，总是会在个人喜好和跟随潮流之间纠结或者说摇摆。他们不能确定自己的需求是什么，当看见别人都选择了某件产品或某种潮流时，就想“要不我也选择这个”。所以当我们现在来谈一个人要有设计修养时，他怎么才能在个人需求和社会评价之间做出清晰的判断？

四川安仁桥馆，2012年正式称为“十年大事记馆”，是用于展示樊建川先生所藏“文化大革命”时期文物的陈列馆。张永和选择了“文革”时期对中国建筑设计影响甚深的社会主义现实主义风格，从建筑外观即唤起人们对那个时代的记忆。但他又不是直接复原那个时期的建筑语汇，他还希望能够与今天乃至未来的观众保持一种可以对话的沟通方式，所以他在设计时也使用了今天广泛运用的混凝土作为建筑主材。四川当地的施工队不能将混凝土做得很精细，但现在我们看见这种粗糙反而呈现了一种沧桑感，更直观地引导观众去探寻历史的真相。（曹扬摄）

北京长城森林大剧场。这是位于长城脚下的户外剧场。整个建筑由5片膜结构屋顶组成。这是一个可开合可拆装的结构，张永和在设计中使得剧场可以适应更多的演出要求，也最大限度地吸纳了景观资源，为演出提供支持。出于环保的考虑，舞台左侧的一棵离舞台很近的树，仍然被保留下来。2014年完成。

张永和：一个人要对设计有一定了解，他得先对自己有一定的了解，这其实挺难的，还有一件难事，就是不要太在意别人怎么想。这三关闯不过去，那就剩下消费商标了，那些国际时尚品牌做中国人的生意常常就是卖一个大商标。

殷智贤：现在比这个低的还有买同款。比如最近有一个热播的电视剧，女主角的所有服装，网上马上就能出同款，没有牌子，只需要标注某部电视剧女主角的同款就会有人买。

张永和：设计与这类人关系就不大了。

殷智贤：您认为这部分人买的不是设计？

张永和：他们没买设计，而且真有设计他们也识别不出来。这是第一类人。第二类人对设计有基本的了解，所以他们买一个东西，起码不是为了商标去买的，可能为了一分合理性和一分智慧。第三类人是了解自己以后，再做出选择，他们穿的衣服适合自己。

还有第四类人，设计师会多一些，他们乱穿，也许穿得跟小丑似的，你还没笑，他们先笑了，他们觉得就是好玩，真的是在游戏，真的在享受设计。这种境界就不是一般人能达到的了。跟炫耀地位和财富完全不是一回事。

殷智贤：最后一个问题：事实上我们消费的设计，无论服装还是家居用品，肯定是传递人的价值观的。不管这些价值观在什么层次上，在传递的过程中，在人际互动里面，它们是一个互相认识的途径。这里面可能存在一个解读的问题。但今天我们也知道，大家对于一个问题想达成共识是很难的，比如存在多元化标准及个体经验差异。当看到一个人消费某件产品，例如看一个人戴着一块某个品牌的表时，难道我们就可以判断出这个人是什么态度、什么品位吗？看这个人穿的是某个品牌的衬衫，我们就能识别这个人吗？怎么减少这种误读？

张永和：是这样的，外行看热闹，可能出现这种以物辨人的情况。我相信看门道的内行就不会了。以男装为例，在欧洲，特别是意大利，有一些年轻人，高高瘦瘦的，并不是模特，可能不务正业，可能家境不错，甚至还有艘游艇，这些人穿衬衣不是将它塞进裤子里的，是放在裤子外边的。衬衣扣子可能就扣俩，因为衬衣一般是7颗扣子，他们在底下少扣一颗，上边开4颗，中间扣2颗，那样其实就非常悠闲了。这种穿法慢慢被全世界穿衣爱好者广泛地接受了，并且被模仿。这就带来了问题，比如在设计圈里，如果你不这么穿衬衣，会怕人说你跟不上潮流，土。实际上，如果你没有瘦高的身材，这么穿就有点问题。因为男式衬衣一般是比较长的，下摆是圆的，如果把它塞进裤子里，即使你伸懒腰的时候，衬衣下摆也不会被从裤子里拉出来，但如果你把衬衣下摆放到裤子外面，比例简直糟透了。可是现在绝大多数品牌没有专门为外穿（将衬衣下摆放在裤子外面）而设计的衬衣。

殷智贤：还是按内穿（将衬衣下摆塞进裤子里）设计的。

张永和：有些品牌有按外穿设计的衬衣，但消费者认不出来。因为大家对自己身材的比例没那么敏感，所以有一大批人将本来应该内穿的衬衣外穿，这样下摆就显得太长了，如果外套的长度又不太对，就成了男士穿衣的一个灾难了。可是三宅一生的很多衬衣专门设计成外穿，所以这些衬衣的下摆不是圆的，是平的，也不会特别长，很适合亚洲人。所以我看到满街的人不把长长的衬衣下摆塞到裤子里，就知道他们没有上面这点知识，替他们遗憾。其实大多数的衬衣下摆都最好塞进裤子里。

殷智贤：可不可以外穿还是要识别一下的。

张永和：夏天特别是在亚洲，不把衬衫下摆塞到裤子里头穿的确比较舒服，你看人家菲律宾的衬衫就是平摆偏短的。夏威夷衬衫也是。所以存在一大批时装牺牲者。

殷智贤：在时尚界我们就叫时尚受害者。

张永和：对，就是这个意思。

殷智贤：可是设计师并不会非常清晰地告诉你他的设计雷区在哪儿，只是给你一个形象，你自己去想象这件衣服和你的关系是怎么样的。所以如果没有一定的设计修养，就会成为时尚的牺牲品。

张永和：如果不了解自己，又被广告误导，就容易当牺牲品。还有买东西，比如奢侈品，有时候了解品牌的历史也挺有意思。例如路易威登是做旅行皮箱出身的，如果你能想象自己出门带着几个大箱子，其中一个箱子其实就是个写字台，你也许会喜欢这个品牌。

爱马仕是做马具起家的，它的皮具制作工艺也是有传统的，有时候专卖店给你讲品牌的故事，摆一些马具在那儿，你如果喜欢马，跟这家店就建立起了联系。也就是说你愿意消费这些故事。不知你是否可以想象有一些老品牌到了20世纪80年代，显得过时又没品位又昂贵，好多都快活不下去了，所以就找了一些人来给品牌做艺术总监。但这些人全都不是做设计的，而是做概念、做形象的，其实就是做市场、做销售的。说到奢侈品，我记得读过一篇文章，作者说他特别喜欢爱马仕，因为他妈妈有两条爱马仕的丝巾，他的印象里妈妈的形象就是戴那两条丝巾的样子，后来他妈妈过世了，他就拿了妈妈的那两条丝巾做纪念，他喜欢这个品牌是因为有一种情感连接。我自己也有类似的体验，但和品牌没关系，我喜欢棉布旗袍是因为我母亲夏天总穿一件棉布旗袍。前两年设计女装时，首先想到的就是做棉布旗袍。

作为设计师，无论是建筑，还是服装，或是其他，我其实是为自己设计，也希望大家为了自己的生活而选择和使用设计。

用设计拓展生活的维度

当我们要确认一个人的身份和了解他的心性时，他所用的器物自然成为直观的符号，通过器物便可猜测出比语言表述更易理解的某些特质。反过来，器物也会在某种程度上塑造人的特质，所以选择什么器物为伴是不可不慎的。

好的设计不是为了证明什么，尤其不是为了证明品牌或设计师个人有多了不起，而是要通过器物去与使用者之间建立深厚的情谊。这份情谊所包含的对人的尊重、体贴和启发，会让使用者因为使用了这件产品而成为更好的自己。

对使用者而言，识别出不同设计背后的用心并不是轻而易举的，对自己需求（包括身体上、情感上和价值观上的）的模糊认识会妨碍选择时做出最适合自己的价值排序，被流行趋势、虚荣、一时的焦虑干扰，而选择并不真正适合自己的产品是很多人经常犯的错误。大多未受专业训练又欠缺足够生活经验的人，不能一下子就掌握好设计的标准，这需要一个不断学习、不断试错的过程。虽然这可能会给很多劣质的设计以生存空间，但我们每个人的成熟——无论是心性上的，还是能力上的，都要经历这样一个过程。接受了自己可能会看错、选错，才会去不断尝试，并积累经验。

一个有设计修养的消费者,有相当宽广的设计视野,他对于设计创造的可能性有相当大的接纳程度,对某种设计提供的体验也有想象力,而且对于设计的价值不会只有一个测量的维度。

消费者要想深入地理解设计师所要实现的设计目标,需要与设计师有共同的(至少是相近的)价值观和生活体验,这也是设计修养中不可或缺的重要组成部分。某种工艺的人文内涵、某种材质带来的感官感受、某种图案的文化基因、某种色彩的情绪属性,甚至产品的包装材料及方式是否更为环保……这些对设计元素的理解究竟在什么情境下发挥它们各自的作用,取决于设计师的专业程度,而甄选这些元素的使用方式则取决于消费者的品位。

试图从中国传统文化中寻找思想资源和美学资源的探索如今方兴未艾,这种跳出符号和口号层面,落实在日常生活里,从而真正实现文化上的脱胎换骨和代际更新的对文化承续的探索还有很大努力空间,因为这种表达不能仅仅是一种观念艺术,也不能只是少数人用来确认身份的符号,它最终要为大多数人的日常所用之后,才能成为影响生活方式的主要力量之一。

无论是受家世的影响,还是因为后来受到的专业训练,吕永中关于好生活的构想一直在锲而不舍地深化,他觉得设计应该带给当下的国人关于生活、关于自身更多的生命体验,以使我们走出关于生活、关于自身的某些"套路"。他不否认传承对人性和行为的引导力量,他只是希望在传承与突破之间寻找兼容的方式——那是一种并非二元对立的观念和思维方式。

中国古代有自己的一套已经成熟的美学价值和标准，比方说『中正』『稳定』……当你要表达稳定、安静、持久或永恒的那种东西时，你会发现它用得上，但如果你要表达科技感、速度感的东西，肯定用不上。

殷智贤：在以中国哲学和中国美学作为设计基础的这场探索里，您走得非常稳健，而且道路非常清晰。十余年来，您的作品已经形成了一套渐趋完善的思考体系，您也还在进行非常丰富的设计实践。在您的理解中，什么是当下的好设计？

吕永中：关于什么是好设计，这对我来说其实有一个思维的变化过程。读书的时候所受的教育，所认定的所谓国际通用的或者某种意义上西方现代主义思维认可的关于好设计的一套标准，在后来我当老师的很多年里，也尝试用那套东西解说。但我某一天发现了一个问题：我们好像并不知道那套标准里所藏的真正深刻的内容，以及所呈现的和结果之间的关系。它看上去是很简单，但是你必须自己去做，必须放在你的实践当中才能有所体会。这恰恰就是说，经过那么多年以后，因为时代在变，西方原来的那些现代主义——我们所谓的好设计的标准，不能涵盖我们中国的一些观点，或者说我们中国的一些观点能不能提炼出一些共同的观点，为好设计的定义或标准做一个补充？我是谈文化的丰富性，谈一种可能性，或者一种特色。

有时候说到“中式”，好像挺老的，不那么时髦，但是我恰恰想说，因为我们生活在中国这片土地上，也许我们对其理解得比西方设计师多一点。比如汉字——我们非常宝贵的一笔财富，因为汉字本身是象形文字，是对万事万物的本质加以提炼和表达的符号系统。我们能不能再研究一下古文里面的一些描述：院和落是什么关系？时和空是什么关系？如果我们能将其理解透了，就会发现这里面藏着丰富的内容，且这些内容是我们很容易就能掌握的。相对其他国家的人来说，我们是否能从这里面去发掘出一些更好的东西来？

当然，随着年龄的增长，偶尔才会明白大道至简是怎么回事。其实它是这片土地上经过这么多年留下来的一种精神，中国文化的气息，中国人的美学、生活方式和这种精神是有某种关联的，割裂不了。

殷智贤：您读书的时候，中国设计教育基本上是以包豪斯的设计理念和技术作为教育的基础，这个立足点影响了中国改革开放后设计发展的方向。今天回望，这种教育起点其实无法完成后来中国的发展对设计提出的丰富性的要求。我观察到一些中国设计师后来离开包豪斯和寻找丰富性有关。

吕永中：比方说，我设计过一张桌子——水平线桌。如果按照现代主义的方式，其实我们可以用更薄的结构——把上面那块面板做得更薄，它也能实现它的功能。但我觉得在这里面它除了能承载杯子以外，还有别的——它还有那种自然的厚度，或者说那种扎实感，那是心里的感觉。我觉得提供这样一种感觉也许是设计的一个很重要的命题。这让我想到为什么很多中国人喜欢一整块大原木，难道这一定有错吗？按照包豪斯风格的观点来评判，这就是个错误。

殷智贤：按照工业化的标准，要计算成本和利润之间的一种效益，那是工业资本家一定会去考量的。但是增厚的那个部分，是您对于人深层需求进行挖掘后才有的设计。那个考量不是数字式的，是对人性深层需求的认同。

吕永中：人生不一定就只有一个绝对的标准，可能还有更多的人文的或者其他内容的标准去呈现。慢慢地，我就觉得我们其实可以在这里面呈现出一些另外的内容，在现代主义或者工业时代的标准以外，我们赋予它后工业时代或者我们当代的一些内容。这恰恰就包含那些人文价值。而中国古代有些标准，对我来说比较容易接受，因为这些标准就

水平线桌凳。吕永中加厚了桌面的面板厚度，因为他觉得这能让人放心地把身体交给这个桌面。这种放心和桌子的物理承重无关，和人的心理有关。

在我身边，来得很自然。如果我去研究西方的，反而不那么容易。

对于很多人喜欢的那些标准，我不会简单地判断是好的或坏的，我会去想哪些东西能真正打动我们或者我们有哪些需求。只是我们需要把这些需求重新提炼，变成不是那么粗野的东西，变成更有内容的东西。在这件事上我其实花了蛮多的时间让自己从包豪斯风格的宗教式的信仰里面转过来。

殷智贤：我觉得包豪斯作为一种风格，其发生和存在有历史原因，但后世的追随者在实践及传播这一风格时，放大了某些设计原则和理念，使它被现代设计者仰视，对它的负面性的回避使这一风格造成的消极的社会影响很长时间都没有被加以防范。现在很多人把西方的标准当成信念甚至信仰了，没有怀疑过这些标准的合理性和普适性，所以也不敢去打破，在这些标准里亦步亦趋。

吕永中：我不会简单地以我原来的方式去判断一个事物，或者法西斯式地把它“干”掉，我希望更加客观、多角度地去想它存在的理由，以及怎样才能再现它。

我记得孙甘露说过一句话：作品有其自身命运。它应该有它自己的命运，所以作为一个设计师，我们必须放下这包袱。而且我现在常常告诉自己：少一点设计好吗？

我们帮易中天先生定做了他的书房，他每天8点到10点要在那儿写作，有媒体问他："您觉得吕老师设计的东西怎么样？"他说了一句话：没什么。"没什么"这几个字，如果在五年前或十年前，我听了会很不开心，但是现在我会觉得非常开心。当你精确思考和平衡了所有的东西后交给他用，一直用了很长时间后他觉得没什么的时候，就说明我们的设计是适合他的设计——不过头，没有妨碍他，也让他真正愿意用下去。就像我们的身体，如果我们觉得胃有什么不适的时候，可能就出问题了。

我在想评判一个好的设计，是不是能将其跟时间和空间放在一起。设计的使用不是瞬间的事。我们能不能考虑对使用者或者这一类人而言，这件家具能陪伴他们比较长的时间，且他们还觉得这件家具跟自己有关系，而不是简单的漂亮，或买时觉得好，买回来后就开始觉得不舒服，第三天就觉得有点难受。我觉得这是一件严肃的事。能够经得起时间考验的东西，才是美的东西，否则只能在漂亮层面，而美是全方位的。

回到中国家具的现状来看，我们为什么做这样的家具？第一个背景是这30年或者100年来中国家具的情况：消耗得太多了！粗制滥造的沙发，把我们的腰搞坏了，器物的标准都不对，把我们的身体弄坏了。我们的生活节奏，包括我们面对都市发展的困惑，实际上已经使我们的身体遭受了非常大的损伤。这是我讲的第一个背景。第二个，我们的心灵一样被损伤得很严重。

在这样的状态下，我做设计的出发点第一要具备修复功能，比如这把椅子要托好你的腰，让你更舒服一点，不让你难受。那么这一点跟现代主义的出发点还是一致的，就是要有功能性，研究大动脉、压力等，托好腰，让坐着的人觉得身体顺畅。第二，还要有一些精神上的、文化的东西。这是润物细无声的，让你在使用当中慢慢去体会，所谓“器以载道”，让这些东西变成一种“身心愉悦的能量”。用这种方式激发你内在柔性的能量，而不是原来那种很霸道的想法——来吧，这样是最好的，你要这样才对。至于美不美，其实不是我关心的重点。

谈到美，我觉得中国古代有自己的一套已经成熟的美学价值和标准，比方说“中正”“稳定”，这种美学概念落实在比例、尺度上都有一套标准。从古建的大木作到小木作来看，那种收锋、卷杀、比例，从唐代、宋代到明清，整个这种制式，你只要去研究一下就能发现里面有非常微妙的东西，你只要把这些东西体会透了，当你要表达稳定、安静、持久或永恒的那种东西时，你会发现它用得上，但如果你要表达科技感、速度感的东西，肯定用不上。

工业时代是“效率时代”，人们忙于干很多事，那个时代的抽屉都会发出“呱嗒呱嗒”的声音。但是如果进入现在的时代，人们可能不需要这种声音，而是需要“嗡……”的那种状态，因为在这种状态下，人才能安定下来。那么安定又是什么？是你在繁忙生活中舒缓压力的某种能力。

互联网会把现代主义的一些东西推向极致，但是互联网也会造成很多的问题，如沟通问题、心理问题、诚信问题……这些需要其他东西来解决。比如有关时间的美或者自然的、优雅的东西，而这些恰好我们中国古代就有。这些是我关心的问题。我不是说要“为了学习古代而学习古代”，我是觉得要解决当下的问题，比如与互联网相关的科技方面的问题，这不是我们擅长的，但是解决它们带来的城市中新宋扶手椅。L形的一体化布艺座面及靠背，扶手设计特别放宽，手到之处皆经手工打磨，使触感舒适柔润。吕永中认为设计师应该把重心放在仔细推敲比例、尺度，研究力学材料和生活方式上。

片舟凳几。吕永中的设计灵感源自泛舟湖上的漂浮感。金属与木的结合，曲线与直线的相互依存，塑造的是中国经典的美学意象：谁家今夜扁舟子。

的那些问题，比如说人离土地越来越远、离自然越来越远、离生命越来越远等，我们是有经验的，那么我们的设计怎样成为反方向的制衡力量？

殷智贤：是的。反方向的制衡力量也必须同时增强，否则倾斜了，就可能走向负面了。

把设计放在时空里面，去把它参透了之后，所谓的『功能』这两个字不是西方简单谈的『功能』，你会不断地在这里面找到真正的『半』字——在虚和实之间找到一个平衡点。

殷智贤：从狭义上看，像承托身体或收纳物品，这是设计专业要解决的一种功能问题。但就广义上来谈功能，比如说，一件家具在一个空间里的作用是什么？它不是仅仅为了盛放东西或者供人坐卧的，它还有其他的作用，比如说，不同尺度、不同材质、不同造型的家具可能会使整个空间的调性完全不一样，也可能会使人的情绪、人和人之间的关系完全不一样。这是广义上的功能，是它作为一个器物能够发挥的高层次的作用，不完全是抽象的精神价值，它其实有具象化的信息呈现。

吕永中：我们在设计里面常说的“功能”是现代西方的定义，它更多是指物质功能。我觉得物质功能离不开时间与空间，目前设计存在的问题是没有太多地考虑时间与空间。为什么这些年“中国制造”可以简单拿来？就是因为不考虑时间与空间。评判一个东西，我们一定要放在这么一个语境里，尝试去了解设计者、创造者怎么去想这个问题。你不能要求一张吧台凳跟一把工作椅一样舒服，或者一个打坐的禅凳像一把普通椅子一样靠得舒服。

殷智贤：我觉得这种追求本身现在已经单调化了，原本我们评价功能也是有很多标准的，因为有些的功能是让人坐着舒服，有些不是，比如是八方圈椅。吕永中作品。背部的弧线确保一个人端坐时脊背能被很好地托住。中国古人认为端坐可以使气血通畅，所以，若非为放松腰部，坐具都是要让人脊背挺直的，合理地设计椅背的承托才能让人久坐不累。

茶语沙发、清风茶台、八方圆椅禅凳。低姿的围坐方式，使大家更亲近，更放松。面板下的横料往里收，就不会碍着人，而且比较轻。在吕永中看来，喝茶是一件品味时间之美的事，所以椅背要能把后背托好。对于不喜欢这样喝茶的人，也可以选择坐在沙发上，而不是非要端坐在禅凳上。有时如果独自在家，想喝杯茶，也想看看电视，这套组合方式仍然可以满足需求。能够生成这些内容需要对生活方式有更多的体会与考量。

以一张水平线桌满足一家人的多种生活需求。

让人显得形象端庄、稳重。功能不应该只有一个方向。

吕永中：有的功能就是摆在那儿，它跟你产生“场”“心灵感应”，然后让你心里踏实，这就是为什么中国有“镇宅”的说法。我们会发现有些客人的想象和需求远远超出了我们所说的设计标准，超出了现代主义西方的那个设计框架。有个客户就说：“我这个厅堂两层高，但我找不到一张合适的沙发，西方的沙发很矮，压不住。”这里有一个词，就是“压不住”。你会发现这张沙发的功能是拿来“压”的，是否坐得舒服对他来说可能还不是首先要考量的。他的这个需求就为我们的设计思路提供了一种新的可能性。如何做一张既“压得住”又能让人坐着舒服的沙发，就变成我的一道难题。要去平衡好这两者，会发现比原来难很多。但恰恰就是这些“难很多”的东西让你的设计往深处走，而不是流于表面。

所以在这一功能的层面上，我个人的原则是将其放在一个特定的时空状态里面，去平衡，或者是去分清其中的关系。这样想了很多之后我会发觉思路清晰了，我很清楚这个东西应该做成什么样。你会发现把设计放在时空里面，去把它参透了之后，所谓的“功能”这两个字不是西方简单谈的“功能”，你会不断地在这里面找到真正的“半”字——在虚和实之间找到一个平衡点。

我这几年做了这么多设计，关注比较多的是那些虚的东西，我指的“虚”是人坐在这儿的当下需要什么样的东西去激发、去呈现。

例如，有的人家里的客厅是放不下太多家具的，那么为什么不可以用一个多功能的、没有太多指向的桌子去满足他丰富的需求呢？他可以在这张桌子上喝茶，可以和小孩子一起做作业，也可以在这张桌子上吃饭。在最好的朝南的位置（如果房间小的话，可能只有一个朝南的位置），能量如此之足的地方，为什么不可以用一张水平线桌去满足这些丰富的需求呢？所以把所有的逻辑想明白之后就会有一个方向，然后就生成了这些东西。

当然也会有一个概念，但我会想这个概念打动我的是什么，比如说就曲线而言，线条的精细与粗短背后的美是不一样的。当我们把所有的功能跟形式一道去研究了之后，你会发现当你需要什么的时候，自然就得到了。白天你觉得需要一个可以让自己坐着非常瘫软的坐具，也许坐具的曲线本身就代表了瘫软，你也可以说这条曲线虽然还是曲线，但是很有弹性，它是很有能量的曲线；当你需要它某个地方设计成转角时，或者你需要它不表明什么态度时，曲线可能就是那种特别圆的。

所以我觉得这些美学与形式的背后，既代表了一种使用功能，同时又代表了你希望其具备的气质。这两者结合在一起的时候，不同的人会感觉到不同的东西，那是跟他的背景、经验有关的，他会由这些东西联想到某种他的生活经验或状态。当他联想以后，就会生成一些新的内容，而当下我们中国的设计跟当下中国的文化很像，我觉得都是说书人——为了让人人都听得懂，把我们要说的东西拆解成不是原来的东西，然后讲成一个故事。而人人听得懂代表什么？说明人人都没什么文化。

你看铺天盖地的设计都像说书一样，也不能怪设计师，可能设计师也没办法，他们只能用这种方式，比如如果公共话语认为中式的就得雕一条龙，那么当他们要表达“我是中国的”时，就得设计一条龙。制式就是那样，那样才被认为是中国的，是不能被打破的。我不知道这到底是鸡生蛋还是蛋生鸡的逻辑。

殷智贤：是共生的，不能简单地说是消费者催生了这样一批设计，也不能简单地说这些设计师引导出了这样一批消费者，他们是共生的。

吕永中：所以实际上这是一个文化现象，我们现在是“前山时代”，或者是“大雄宝殿时代”，你会发现我们所有的庙都是一种样子，是因为我们面对的客户群也认同这种形式。我曾经和一个方丈聊过这个话题。多年以前，我当时把我们要做的一个西方教堂的设计摆到他桌子上，问："为什么西方的教堂可以有这么多表现形式（我不是说它们一定都好，但它们有很多可能性），而我们的庙宇就只有一个制式？"他说，当时建造庙宇时其实也想有一些突破，然后去问他师父，他师父的第一个问题是"你找得到人给你做吗"，第二个问题是"做好了别人会说好吗"。他想了半天，觉得算了，这个问题太大了。

我觉得在中国当下，这是个必经过程，可能是短时间内很难跨越的，所以才会存在那么多"前山"。但有没有可能在"后山"有所突破呢？"后山"来的人可能知识层面更高，格局更广，需求也不一样，我指望在"后山"找突破。我尝试着这样去理解"后山"的存在，试图找到新的可能性，觉得现实不能只有这一种样子。

殷智贤：在我的观察里，今天中国的设计师其实有好多工作都还没有做，都在"前山时代"忙活，因为"前山"的市场需求量比较大，"后山"市场需求量非常小。但是一个完整的设计体系，尤其是一个国家的完整的设计体系应该是"前山""后山"都包括的。"后山"设计要解决的问题对一般人来讲是比较隐性的。作为消费者，有些东西只是隐约感觉到，但是没有清晰地去察觉和感知，在市场上可能也找不到产品来获得满足，所以他可能不觉得"后山"设计的产品能为他的生活带来不一样的体验。人对很多事情的察觉和感知的深度常常决定了他会选择什么样的生活方式。比如说，你的生命到底有多长，其实取决于你认为你生命的最后一天是哪天，如果你认为你的终点是明天，那今天可能就会显得非常漫长或短暂，因为这是你生命中最后一天了，每一秒你都会对它有察觉和感知。如果你认为你一百年以后才死，你现在就可能会经常挥霍你的岁月。有着敏锐觉察力和感知力的人和还在挥霍生命资源的人对生活的需要是不同的。

苏州椅和高山流水琴桌。吕永中借鉴明代圈椅的形式，融入了苏州园林窗棂和小桥明月的意境，正反面同样视觉水准的设计使苏州椅的形象堪称完美，放在家中就会有“压得住”的感觉。而高山流水琴桌的一体化造型简洁清雅，体态轻盈。

如果一个设计师把时间作为设计的一个考量尺度的话，那么一张桌子会被用多久，就是他设计时必须解决的问题。机器是不会去做时间考量的，5个小时做出的一张桌子，市场上卖两千块钱很正常。但是如果你说这张桌子可能会被用20年、30年，甚至更久，你就不会5个小时生产一张，你就一定得考虑20年得经历多少人生，发生多少故事，这张桌子是否承载得了。多少代人都要在这张桌子旁边演绎他们的人生，你的设计得把这些人的生命故事都承载下来，若没有这个承载力，过两天这张桌子就得卖了。这个维度一旦加进去，这张桌子的生产时间、材料、工艺、造型势必不一样，当然它在家中发挥的功能也势必不一样。即使这个主人没有远见，5年后把它卖了，第二个接着用它的人还会把剩下的15年用完。但是如果你从一开始就是把一堆材料用工艺组织起来，不分析这件家具会被什么样的人用，用多久，那么搬一次家换一件家具就很常见，而这种消费方式受很多商家喜欢，他们认为这能给他们带来商业利益。至于这种方式给地球造成了多大的负担、让人变得多么的轻率、家里少了什么样的陪伴和传承是不被关心的。我们今天流露出的对人与物的寡情是日积月累而来的。

吕永中：所以要问这个问题，为什么中国人对时间没有察觉力和感知力？

殷智贤：对，对时间的察觉力和感知力是怎么消失的？要知道原来中国人是非常重视时间的，世界各国的历史记载中，最完整、最系统、最连贯的是中国历史。中国的农历贯穿于生产、婚丧典礼、开业、出行等一系列行为的抉择中，可以说，曾经一个中国人的种种判断和抉择是一定有时间这个维度做指导的。

殷智贤：我觉得现在“美”这个词也被用烂了，其实美在哲学范畴里有它特定的意义。美从来不是简单的视觉效果。它为什么会有文明的差异？比如说有希腊的美、印度的美、中国的美，是因为哲学观不一样。希腊的美强调人对神的能量或者旨意的赞美和再现，如果一个人完美地体现了神的能量和旨意，那么他会被称为“美”。古希腊雕像塑造的那些英雄，都是人和神结合的孩子，不是纯人类，是半神半人，所以在他们身上体现了神的荣耀、神的能力。但中国的美不是为了体现所谓的神，而是为了体现天地之道，符合天人相应的生命观、宇宙观。

今天当我们或多或少地被工业文明塑造过之后，再来谈美，比如曲线这种东西。中国的曲线跟西方的曲线不太一样，中国的曲线其实是代表了调和与退让，老子说“曲则全”，中国人从大自然中获得的启发是曲可以实现万物并行而不悖的和谐。那么在今天的工业文明时代，人有足够的能力绘出直线，而且可以做得非常标准，直角可以做得非常精细。在机器可以把一个东西切割得极其精准的时候，您回到曲线的选择是为了实现什么？

> 你应该去摸一下家具的背面，看看背面是不是也弄好了，就像一个人不会穿一件里面很脏的衣服。当所有的消费者都这样做的时候，这个动作可能会让整个行业发生改变，让所有的生产商关注到这一点，这样他们就会把家具的背面也弄好。

吕永中：我觉得是阴阳平衡，太刚易折，太柔没力量。

所以我觉得阴阳的关系可以理解成：直线、直角，那是比较刚性的，强调规矩，做事不转弯；曲线则代表了很多退让，更柔的一些东西。当然这种柔还是有态度的柔，跟无态度的柔是两回事。

所以我现在对线条、造型的理解必须参照很多因素。第一，它们的使用状态。我们举一个简单例子来说，比如卧室空间相对较小时，人穿的也少，如果家具还有那么直的角，容易伤到人，会让人有心理阴影，这本身就不符合这个空间中家具使用的自然状态，这是我考虑的一个点。这种感受是来源于生活的。

我曾开玩笑说总经理的办公桌，跟董事长的办公桌，肯定不一样。不一样在哪儿呢？都是可以写字的，可能都需要讲究点气派，但二者是不一样的，比如二者的直角分别是到什么程度？这点小弧度的区别表明了身份差异。所以我说曲线、直线里面藏着非常丰富的内容，这个解读有中国的一套方式，不像西方，西方有些时候对曲线的理解是一种单纯的、个人的东西。

我记得我读书的时候，绘画挺强调一些原则，例如宁方勿圆。到现在我一直在体会：为什么说“宁方勿圆”？是说你圆到没有态度、没有想法、没有指向的时候，那个圆是不好的。相对来说,工业时代由于机器、效率和成本的原因，最有效率的形式绝对是直线的。但是我觉得进入后工业时代后，电脑技术越来越发达，它可以代表一种新的形式。比方说现在可以用计算机来发展机器三维铣型等这些工艺，实际上是让我们可以按照所需要的状态去做了，而不是被动地按照机器的方式去做。所以这为我们提供了一种可能，而且看多了直线，就觉得它的底蕴不够，不耐看。耐看的东西才可能是最好的东西，也可能是最环保的东西。

殷智贤：谈效率就是不用重复投入，从更长远来说，因为这个东西在你的生命中能够长时间地存在，成为你人生故事的一个重要构件，对于你的人生的稳定性而言，其实意义特别大。我们大多数人现在过得栖栖遑遑是因为人生缺乏稳定性，大到伴侣，小到家具，经常要换。

吕永中：现在我认为选择家具是一件很严肃的事，我对所有的消费者说：认真选择，长久使用。它不就是你的伴侣吗？

殷智贤：我们对待物品已经不再将其拟人化了，而是纯粹把它们物化，如果你把所有的物品都拟人化的话，你就会追求长久的陪伴关系，但你如果把它们物化的话，它们就像塑料袋，用完即弃。

吕永中：你应该去摸一下家具的背面，看看背面是不是也弄好了，就像一个人不会穿一件里面很脏的衣服。当所有的消费者都这样做的时候，这个动作可能会让整个行业发生改变，让所有的生产商关注到这一点，这样他们就会把家具的背面也弄好。

其实我做这些东西，很多时候是表明了我的一种态度，这种态度也许表现了一定程度的理想。我觉得设计师满足了基本的生活以后，就应该用他的语言去表达对社会、对人或者对这个行业的关爱，否则我们这个设计行业可能就永远立不起来。如果一个好的设计能够表达一种有价值的态度，并让别人理解的话，这不亚于一个好的文学作品或者一部好的电影。

殷智贤：传承是中国目前面临的一个非常重大的挑战，就是你要传承什么，怎么传承。这几年新中式“忽如一夜春风来，千树万树梨花开”，可是当市场上这类东西多到一定程度的时候，这种风格就存在着是否须更新换代、能否满足市场需求的问题，这些还都是由我们看得见的商业规律所决定的。深层的原因：中华文明其实没有传承样式，唐宋元明清每朝都有各自的发展样式。如果不传承样式，我们到底能传承什么？

吕永中：我们到底要传承什么？最重要的是我们现在缺什么？或者我们有啥问题？中国这几十年发展下来，除了钱以外，我们还缺点啥？我们缺点自信，我们为什么会缺自信？我们缺自己的内容。

殷智贤：比如说，我现在来指认你是一个中国人，你怎么证明你是一个中国人？除了你会写汉字、说汉语

我们到底要传承什么？最重要的是我们现在缺什么？或者我们有啥问题？中国这几十年发展下来，除了钱以外，我们还缺点啥？我们缺点自信，我们为什么会缺自信？我们缺自己的内容。

之外，你可能找不到其他证据证明你是中国人。比如说从服装上你没有办法证明你是中国人，韩国人有自己的民族服装，日本人也有，我们中国现在没有了。

吕永中：那我再问一个问题，为什么要证明自己是中国人？我发现其实中国人面临的一些问题，恰恰也是我碰到的世界其他国家和地区的人面临的问题。

殷智贤：这个问题是基于人还不能俯瞰人类命运的前提来谈的，因为基于人自身的局限性，每个人都有一个站位，因为这个位置的局限性，人要确认自己是谁的时候就需要一堆参考点。为什么要证明自己是中国人？第一，从功利的角度或物质的角度来讲，如果能建立当下中国人的符号系统，是具备非常高的商业价值的。第二，从身份认同角度来讲，一般有文化身份才有文化立场，有文化立场才会有价值评估或价值选择的依据。第三，就是信仰层面，如果你有你的自然观、生命观，你在认识人和自然、人和自己、人和他人之间的关系的时候，能有方向和底线。虽然人类有许多共同的认知，但由于不同地区自然和文化环境的差异，聚居此地的族群的认知仍然有一些是居于彼地的族群的认知所不包含的，这些认知决定了此地的人是这么生存的。

吕永中：我是这样来看的，也可能跟我受的教育是有关系的。我认为全世界的人，不论男女、有钱或没钱，都应该是平等的，这是我的一个非常重要的价值观，我甚至做过一个小的设计来表达我的这个平等概念，我把最贵的老红木，跟信息时代的垃圾电路板凑在一起表达两个层面的意思。第一个层面表达平等，我用材料来代表人或者代表某种状态。第二个层面，我希望能找到某种合适的存在方式。有一年世博会的主题是“城市让生活更美好”，我更愿意说城市让生活美好有很多标准，我认为比较重要的标准是这个城市有足够的容纳度，能够让在这个城市里有钱没钱、年轻年老的居民都有一个自己的空间。你可以动用所有手段，但最终是让在这个城市居住的人，不管他有钱没钱，有知识没知识，都能够获得有尊严的空间。这是我的一个比较固执的想法。所以我觉得用一个东西去证明我是中国人，这是“前山”概念，而且这是过程中的概念，但是可能必须经历这个过程，我们才能找到我们需要的这么一个“后山”概念。

所以你会发现我们的设计，就是尝试去证明，但实际上是并没有证明什么。我觉得要证明自己是中国人这一点，对个体来说，有非常多的路径或者会呈现很多种层次。我们有些时候看某个设计，会觉得这一定是法国人做的，但它上面没有“法国”两个字。再看德国人的东西和日本人现在的东西，也是这样。我觉得真正到了一定高度后，这是一种气息的传达，当然气息里面浓缩了很多东西，包括价值观、方法、技术等。设计不是政治，我们不是要去喊口号，我们应该用润物无声的方式让别人一点点地去体会作品中的不一样，例如里面包含的平等、诚信、世界共同体等价值观。

殷智贤：从人应该不断突破自身的局限性的角度，我非常赞成您的观点。只是在人还没能突破某些局限性时，一种文明留给你的是一种世代的经验，可以帮你认识你和世界的关系，在你作为个体无法独自生存时，你可以以此方式存世，这是文化带给人的一种价值，也是一种文明带给一个族群的生存意义的指导。一个人如果没有一个这样的体系来帮助他建构内心世界的话，他其实很难认清楚自己跟这个世界是什么关系，以及如何与之相处。

比如说中国今天的环保问题还没有得到妥善解决，因为还没有处理好跟自然之间的关系。过去中国的设计强调的是天人合一，人跟大自然之间不是对抗关系，是取之于自然还之于自然的一个循环关系。所以设计对于所有物料的使用，第一，精简又精简；第二，这些东西必须是可再循环的。这是由中国古人的自然观决定的。我们为了更快

徽州博古架。吕永中作品。虚与实的关系构造的是空间和边界的关系。没有了传统博古架的曲折构成，尺寸相等的搁板划分出的陈列空间体现了一种现代的平等观。

清风禅榻。吕永中作品。原本是古人打坐用的禅榻，对于不一定将它作为打坐坐具的人来说，这更多的是一种生活态度的表达，素洁的气质暗示人要能够放下种种牵绊，如清风明月般了无挂碍。

地实现现代化，放弃了传统的方式，选择追随别人的方式，一百多年后，我们发现自己对这种方式的后果和需要的条件缺乏足够的预判能力，也没有经验，觉得又得从自己的文化里找，这大概就是今天中国进行传统文化复兴的时代原因之一吧。

吕永中：西方经历了一个工业时代，现在是往和谐的方向走。我们跟在他们后面一直在兜圈子。其实我们本身有机会，只要我们把视角找好，参透了那些东西，你可能会发现我们已经走在前面了，否则你这样追人家是追不上的。

我觉得中国现在所处的时代有一个很大的特点，就是我们会很轻易地把好东西做到烂为止，而忘了要尊重什么，敬畏什么，如果我们不在这一点上有所理解的话，就谈不上传承。

殷智贤：儒家文化是礼乐文化，讲王道，但最终是为了服务于“平天下”这样一个终极治理目标。落实在家居生活中，文质彬彬是人们所向往的，产品的“礼仪性”与功能性分别对应“文”与“质”。对其中任何一种属性的偏执都不是文质彬彬。一般来讲，人们对实现这两种价值投入的资源配比其实是不一样的，收入相对偏低的人更多地会在好用这方面投入最大的资源，他们很难再把资源投给非实用的东西。但是收入相对高一点的人，可能有足够的实力把资源投到令自己赏心悦目的事情上，这样最大的危险就在于浮华。浮华有看得见的，比如说贴金描银的那种所谓的“欧范”，还有另外一种叫奢华，这种奢华会被某些人评判为浪费，包括对材料的浪费，对空间的浪费，对工艺的浪费，那么您认为设计怎么杜绝浪费这件事情？

今天中国的设计如果解决不好伦理的问题，一定会在某些时候在伦理上遭到批判，会被别人认为罔顾民生、浪费能源。可是如果我们拿这个标准去衡量我们今天继承下来的古代的很多器物，它们大多都有些时候设计得好的东西还真不好用，菲利普·斯塔克的好多东西都不好用。实际上这背后是你怎么对待这个东西的问题。

属于罔顾民生、浪费资源。这种伦理冲突到了21世纪，怎么面对？

吕永中：这涉及三个问题，第一个问题，如果一件物品的结构、方式甚至其中一些所谓浪费的东西，令它能够存在20年或者50年，另外一件看上去不浪费的更简单的东西，可能用3年。就像同样是一种照明灯，有同样的亮度，一个贵些但可以用10年，另外一个便宜很多但只能用两年，那哪个算浪费？

第二个问题，一张桌子需要做得非常好吗？这算不算一种浪费？不就是一张桌子吗，如果做得不这么好难道我们就不能过日子了吗？但是，你想过好一点的日子吗？你一定想过得更好，只要你有条件。你不就是因为想过好一点的日子，才去努力工作的吗？所以用简单的人权的方式来评判一个设计是否导致了浪费，我觉得是比较幼稚的方式。每个人都有他自己的权利，主要看这是不是真实的，是不是诚信的。

第三个问题，每一个人都有自己的特质，应该按照自己的特质去做，这才是尊重每一个设计师。宜家能解决的那些问题，我没有能力解决，但宜家可能也不能解决我能解决的问题，因为它根本不是这个思路，它关注的是别的层面的问题，解决那些问题是它擅长的。我还是认为，如果用割裂的方式去看待一个问题，我们都会很偏颇，都会只从自己的角度去看待一个问题。如果放在一个系统里面，大家会各司其职。

所以我觉得什么事情都是这样。首先得尊重个体的喜好，不能随便说别人浪费。他可能在自己的世界里有所追求。其实皇帝是很浪费的，世界上留下来的很多东西都是各朝皇帝用过的。博物馆不浪费？

歙砚茶方桌。从功能上来说，歙砚可以承受得了茶水的浸泡而不会变形变色；从审美上来说，歙砚的金石之声宛若茶香的清雅伴侣。吕永中认为材质的选配不仅是视觉上、触觉上的，也可以是听觉上的。所谓发挥好各自的优势，才能相得益彰，共同成就一种美好的体验。

用最好的地段、很大的空间，可以干很多别的事了。就像孙甘露说的：诗有什么作用呢？但是真的美不能缺少诗意的东西。我反复在揣摩这个问题，你不能天天都很诗意，但你也不能没有诗意，我觉得这是一个平衡的问题。

我们就是按照自己的理解善待每块木头。你不能说一块料子有什么问题，但是你怎么把它裁好，这很重要，你对待料子的方式是关键。

关于好用不好用、实用不实用的问题，若干年前我在香港的一个设计周做演讲，讲完以后下面有个听众提了一个问题，说："吕老师您作为专业设计师，能不能告诉我怎么选一个既设计得好又好用的商品？"她说很多设计得好的往往不好用。我说要看这个"用"字怎么理解，有些时候设计得好的东西还真不好用，菲利普·斯塔克的好多东西都不好用。实际上这背后是你怎么对待这个东西的问题。不能简单化、二元化这个问题。

当然，有些空间如果放在一个大的社会环境里看，社会地位更高的人是需要系统地再想想，这样做是不是浪费了很多社会资源。此时你不照顾别人的利益也不行。即使贵族也是要照顾其他阶层的利益，遵守很多规则的。

我现在帮别人装修时，一直跟甲方说，"你必须把保姆安置在通风、有阳光的地方，你的房子都那么大了，还缺这点地方吗？你会因为这个位置处理不好给你未来的生活带来非常大的麻烦"。

我们做的家具跟空间一直是有关系的，有内在秩序。如果我们都把握不住这种关系，我们能相信我们的后人能把握住？

我自己觉得浪费这件事不要简单地喊口号，不要用一个简单的思维去看待。我一直在看很多用环保概念做的设计，表达了态度，达到了目的——大家关注了。再接下去你就要想得更深：你这个东西是用环保的材料来做，但它能不能持久？如果不能持久，它就成了一个新的垃圾。这就涉及是不是有敬畏心的问题。对一种材料连足够的耐心都没有，你怎么能够真正去了解它呢？

殷智贤：其实每一件家具和木作包含的信息是非常丰富的，从价值观层面到手艺层面，所以很多器物本身“扮演”的角色或者它们的使命就是记录这一切。但是我们这个时代有什么东西是值得被记录的呢？如果你做的一把椅子的工艺不值得传世，这把椅子跟它背后的生活观很快就会被淘汰，这把椅子所承载的美学形式就不能沉淀为某种文明的一个典范，势必很快会变成一个垃圾被扔掉，那么你做这把椅子仅仅为了赚点儿钱吗？

吕永中：我们的身边就有很多宝贝，你会发现尊重了那些东西以后，你会听到很多声音，你就慢慢具备传承的某些能力。比如说你去研究中国古代的一个东西，不是一时兴起去抄个样子，而是把这个样子背后的来龙去脉搞明白，向器物学习，向字画学习，然后提取一些方法来解决我们当下的问题，我觉得这个过程是很有价值的。而且这种价值对我们中国设计师而言是非常大的。

又比如汉字，写的时候就会发现那些线条的艺术，其实我们很多东西从造型语汇上来说是线条式的，而线条又是最难的。线条的艺术是时空游走的艺术，它的时间跟空间一直在动的，这个恰恰是中国智慧最深奥的部分——一切都在动态当中，不能静止地看待。比如围棋，最简单的黑白两色，在里面如何“运作经营”，而且是有互动的，都有智慧。我觉得这个能成为未来中国的精神。我们能不能好好地去感受一下、去弄明白这些？说不定马上就提升了，而不是永远停留在一种急的心态，或者拼凑的状态中。

殷智贤：现在家居界为什么大家都抄明式的？第一，明式家居不难抄，抄个七分像还真不难。所以这是一种思想上的偷懒。设计师和商家觉得即使不注入精神，这个东西也能卖出去。现在号称“有颜值”，就是说不需要有内涵。第一眼确实不需要有才华，有内涵没内涵看不出差别，但是有“颜值”和没“颜值”确实是能看出差别的。可是如果放在时间的长河里面，“颜值”这种东西是逐年贬值的，内涵这个东西倒有机会逐年升值。像您刚说的，你摸一下家具的背面，是粗糙的还是光滑的，做的人下的功夫是不一样的。

吕永中：我们每一个阶段的看法可能都在变，但是最重要的是一开始的时候，我们得花力气去弄好这个视野的平台以及思维的架构，可能这是一个很苍白的架构，没有太多的东西，但是我们有了这个设计平台跟架构以后，我们才能把无数的碎片、无数的信息放在这里面。国外很多设计师开始的时候啥也不能做，但是他们有一种正确的思维，慢慢地，你发现他们的能量会出来。

最重要的是一开始的时候，我们得花力气去弄好这个视野的平台以及思维的架构，可能这是一个很苍白的架构，没有太多的东西，但是我们有了这个设计平台跟架构以后，我们才能把无数的碎片、无数的信息放在这里面。

殷智贤：我觉得他们的好处是，把一个问题想得比较系统、全面，我们习惯于把一个问题简单化——行，我帮你解决。问题是一件事后面还跟着一百件事呢，可是我们对此就不管了。

吕永中：所以我觉得这跟设计教育有关系，比如老师从来不会告诉你为什么给你高分或低分，所以你会发现其实学生有时候也挺疑惑的，没有办法用一个系统来审视他面对的问题。

殷智贤：设计是一场用自己的人生介入他人人生的努力，作为设计师，如果缺乏对设计对象的深入了解和关怀，缺乏对来到身边的材料和工艺的珍惜与领悟，做出来的设计一定不会是能持久地给使用者带来美好价值的作品。中国古代的智慧一直教我们从外面取要节制，往外面扔要节约，这种惜物观的背后是惜福。我们不像我们以为的那样有用之不尽的福报。

好设计能在秩序中展开自由

当我们格外推崇设计要体现创意时，自由的灵魂便被推上神坛，似乎越奇诡、越夸张，越显得创意非凡，但如果一个设计让人感到晦涩难懂或望而生畏——无论难解的是功能还是理念，生畏的是使用方式还是气势，这件作品就天然与人产生了疏离。

书籍的设计一直是考验平面设计师功力的一类设计，因为它的尺度小，被人审视的距离近，审视其细节又极其方便，任何设计修为上的破绽都会被轻易发现。

优秀的设计师都想启发和引领读者，而读者又总在寻找与自己契合的设计，这两者若不谋而合，自是双方的幸事；若一个等待被读懂，另一个却做了另类解读，双方可能就这么擦肩而过了。

所以自由的灵魂在设计这件事上其实是要冒很大的风险的，如果出现了鸡同鸭讲的局面，鸡和鸭都是无辜的。

这时严谨的表达就显得十分必要。一个高品质的设计一定是恪守设计语言的基本规范的，这不是保守而是对沟通对象的尊重。但规范也决不能成为限制设计的紧箍咒，因为情感和思绪都是流动的，那些文图被印制在纸上，看起来是固化了，但试图传递的精神却是在流动中和读者交汇。规范是用来建筑思想的河道的，而不能用来堵塞思想的河流。

作为读者，当我们去选择一本精美的图书时，除了考虑书的话题、内容是否吸引我们，书的设计是否尊重我们，能否启发和感染我们亦影响了我们和这本书的关系。

一个有品位的读者之所以对不同版本的书有所挑剔，不仅因为不同版本的书有品相优雅和粗劣之分，还因为和不同版本的书有不同的相处方式：对于设计精良的书，你会捧读，会手不释卷，会珍藏，会分享；而设计粗糙的书，或许只会匆匆浏览，遗弃，难以走进你的生活。

我们选择什么样的书，就像请什么样的朋友来家里做客，思想深刻当然重要，但举止风度亦非小事，自由和严谨并非激情与节制的对抗，而是放与收的分工配合。

一个有设计修养的读者会分辨得出设计师借设计呈现出的作品的核心思想及精神气质，也品得出设计师意图传达的作品的调性和审美，从而更准确、更深入地把握作品的精华。而欣赏一本设计优良的书就像和一位赏心悦目的名士或佳人共度一段愉快的时光，所谓一寸光阴一寸金，是因为这一寸光阴里蕴藏的价值可以令生活不再平庸。

好设计是可以拯救乏味的人生的。

吕敬人的设计一直在创意和规范中寻求一条中道，这不仅是技术，更是态度，被创意或规范任何一方绑架，设计都是有失偏颇的。而有失偏颇的设计也会令使用它的人进入残缺的情绪状态，那可能会带来愤怒、压抑、矫情等各种不圆融的情绪体验。这时候人和设计作品之间的关系就不是良性的了，双方都无法在互动中走向圆满。

我们做一本书到底是为谁，是为表现自己还是为读者更好地阅读？我总结为一句话叫『读来有趣，受之有益』。这是做书人的目的。

殷智贤：作为平面设计界的行尊，应该说您见证了中国平面设计这几十年的变化历程，比如说1978年之前的设计很多是服务于政治的，后来转型到服务于商业，到今天可能它所服务的对象就更加多元了。在整个变化过程中，您一直身处设计前沿，不断有作品出来，而不仅仅是作为一个幕后的设计教育家。您怎么理解一个设计师的社会责任感？您认为在作品里怎么样才能够体现这种社会责任感？

吕敬人：这个题目太大了，因为社会责任感我也不太敢担当,我就是强调一条做人的底线——知耻，做书的底线是良知。社会责任感也是。我们做一本书到底是为谁，是为表现自己还是为读者更好地阅读?我总结为一句话叫“读来有趣，受之有益”。这是做书人的目的。

什么叫读来有趣？一本好书它不是宣讲，不靠说教，而是亲身传递，这种传递不能古板，一定是赋予一种新的阅读感受。作为设计师，就是为作者和读者搭好桥梁，我们是幕后的英雄，为他人做嫁衣。和艺术家不同，设计就是一个服务行业，所以没有什么难为情的，但是我们要服务得让文本的价值得到更大的体现，就要使这本书能够被更好、更有意义地传递。传递的目的是什么呢？不仅好玩，也不仅有趣，而且读来有益，也就是受众看了你的书以后会觉得物有所值。今天我们不是说书越贵越好，也不是说越便宜越好，我们觉得如果一本书能让读者从文字、图像、空间、纸张、形式中得到阅读的愉悦感，并有所收获，设计师的职责就尽到了。所以在做书的时候，你能做出该做的十分，不能只做八分，本该做八分，你不能做出十分。这八分我指的不是价格，用心当然是十分，但用力的分寸正好要做到八分，多做的二分则无谓地增加了成本，因为你增加了很多附带的动作。

殷智贤：这叫过度设计了。

吕敬人：对，这种过度没有必要，所以在做的时候我说良知就在这儿。不是说我不做豪华的书，但要根据需求。如果是作为奥运会的纪念，或者是作为国礼，它们代表中国，我会全力以赴地做得美轮美奂。但如果只是一本阅读的书，你为了注入自己的观念，表现自己的设计，无谓地增加成本，这就错了。你加的那两分是附加的，是不必要的。所以面对不同的书、不同的读者还有不同作家的不同性格、风格、品位，找到最恰当的设计语言，同时采用最佳的成本，且符合市场需求，有针对性地设立你的设计框架，我想这就是做书人的责任。

殷智贤：确实，设计作品肯定是要和受众有关系，既然有受众，你就要对受众负责任。我听到您刚才设定的标准，我想用两个字来形容：优雅。

吕敬人：优雅是一种精神追求，在具体的设计方法上，其实仅有优雅还不行，设计是一件很痛苦的事情。首先你要做加法，一本书的文本我看过以后会投入很多想法。书籍设计不是一个装潢，不是给你一个封面好看就可以了，我对文本有一个态度，希望这个文本的价值能够得到最大的体现。什么叫文本价值得到最大的体现？就是文字本身所不能表达的东西，我用我的心思，比如视觉表达、节奏传递、翻阅过程的布局，让读者在看这本书时得到更愉悦的感受，这时候所注入的心思叫加法。我理解书籍的设计分三个部分，一个是装帧，一个是编排设计，一个是编辑设计。

首先，拿到文本以后，设计师像导演一样，先解析文本，确定书的节奏、层次和翻阅时起伏跌宕的变化，我会先进行这些方面的解读。比如对这个文本的内容、构架、传播重点等都要斟酌。从目录开始，到序言、正文页，再到每一个章节的间隔页，甚至里面的空白页，还要考虑是否需要增加辅助信息，比如有关人物的辅助资讯，关于事件需要的附加说明，关于地域需要的一张地图……对这些都会

吕敬人设计作品《中国记忆》。作为2008年北京奥运会馈赠各国领导人的国礼。设计的核心定位是体现东方书卷的艺术审美价值和反映中华五千年文化瑰宝的尊贵气质。该书于2009年获得莱比锡“世界最美的书”奖。

提出自己的看法，让这本书能丰满起来。比如做《梅兰芳全传》时，编辑只要求为35万字的纯文字的书做个封皮。我认为梅兰芳是一位表演艺术家，有丰富的视觉形象，仅看文字，读者是不满足的。我建议改变原来的编辑方案，重新思考文本结构，把梅兰芳先生每一阶段的生活，包括他的家庭、师父、早年的舞台角色、服装、剧目表等，与梅兰芳艺术活动相关的一切图像编辑演绎进去。在征得了梅葆玖先生的同意后，加入了大量的信息，增加了将近150张照片，然后再进行整体设计。为了让读者在翻阅的过程中感受梅兰芳一生的两个舞台，我在书口上演绎了“左翻右翻”的概念，左翻读到的是梅兰芳的舞台形象，右翻读到的是梅大师的生活形象。读者在翻阅中犹如进入梅兰芳的两个人生剧场。其实书的阅读不是线性的或固化的，而是一种随机的，书口的设计使文本之外的意境通过图像表达了出来，从而丰富了这本书的叙述形态。成本肯定增加了，价格比原定的高，但卖得更好，好像是三个月以后就再版了，而且得了中国出版政府奖，社会效益和经济效益并具。

我想，设计师的责任中很重要的一点是你要把自己的立足点定好，如果你是为了让读者读到有趣、有益的书，这个时候你所付出的一切其实特别有价值。

殷智贤：听您叙述设计《梅兰芳全传》这本书的过程，想向您请教一个问题，所有设计师其实都要承担一个责任：对信息有一个再组织的过程，就是把这些信息梳理得更好，组织得更好，层次设计得更好，节奏感也设计得更好，让读者在阅读的过程中受益。您在进行这些信息的组织和整理的过程中会重视什么？

吕敬人：这个很重要。当你给我稿子的时候，其实我已经有一个选择了，一些没有意思的书我一般不会去做。如果你只让我做封面，我会说我不会单做封面，我只做整体设计。这是我对一本书的态度，我不希

《梅兰芳全传》。吕敬人设计作品。左右翻阅书口可以看到梅兰芳先生舞台上与生活中的两种形象，别具一格。

望里面和外面是不一样的，外面特漂亮，里面潦草得要命。书籍设计者要训练自己对信息进行分析解构的能力和兴趣，尤其是培养逻辑思维。对叙述类的其他艺术，如音乐、戏剧、电影等塑造语境和叙事手法的关注和学习，会使你自然而然地把信息设计当作讲故事那样，投入组织和整合文本演绎的方法。

殷智贤："平面设计"这个词容易让人误解。人们会觉得它只是在二维层面解决问题。可是书其实会提供多维的思想和情感的空间，这时，设计要怎么支持这种拓展的实现？

吕敬人：现在有一个展览叫"书筑展"，"书筑"的概念就是空间与时间的整体运作。"书是语言的建筑，建筑是空间的语言。"展览通过建筑家和书籍设计家的对话，提出"书籍设计是平面的还是'三维空间 + 时间'的问题"，是一个具有潜在影响力的大话题，会引发未来关于书籍设计思维观念的新解读。随着书页的翻动，阅读主体不断变换着空间关系，文本产生了时间的流动，信息在书籍间"游走"，如同人必须在一栋建筑中活动，才体现出居住与审美的最佳功能关系。

书籍并不平面，书籍设计要具有"构建空间 + 时间的信息"的传播概念。书籍设计是对文本有一定介入的编辑过程，并非名词意义上的设计，而是动词意义上的设计。书籍设计者要担当起书的建筑师的职责。当你把书当作建筑来看待时，读者就是居住者，你不能把读者和你隔开，这个参与度取决于设计师的态度，这很重要。

殷智贤：您谈到的这个概念是非常重要的，作为一个读者，我们怎么可以在一次阅读过程中获得价值？您作为设计师努力提供的价值是什么？

吕敬人：提供价值一定就是物有所值，买了这本书以后不后悔，更重要的是它的价值能传承，不会被扔进垃圾堆，还会传递给别人或后代看。

很多出版社也会说"吕老师做书特慢，啰唆，增加我们好多成本"。是啊，要增加文字，要寻找图片，要增加很多辅助性的资料，甚至还要去做信息的梳理，我还会做附加的信息图表，让这本书能够好检索，让读者留下深刻的记忆。这些工作我们过去都是不做的。一本书有时候我会拖个3年，拖5年的也有过，但最后得到的结果是完全不一样的。

设计师是一个导演，你把文本给我，如同找好演员——图片、文字就相当于演员，哪怕跑龙套的标点都是重要的角色。所以做导演的你要去讲好这个故事，你要调度各个元素，通过创造美的视觉呈现、流畅的阅读结构、完整的表现语言，最后令读者得到有趣有益的阅读享受。

殷智贤：像您做了这么多设计，如果一个读者拿到一本书，他觉得很受益，您认为这是因为设计在其中发挥了什么作用呢？

吕敬人：这个很重要，不过也不能过于夸大设计的功能，因为文本首先要好，读者看的是内容，这是第一位的。第二是形态上让你感觉耳目一新，这本书的排版和一般的排版不一样，比如说我们看杉浦康平的排版，非常舒朗，很清新，但又很丰富，因为他会把文本的内涵转换成视觉化的意境渗透每个页面，这个和过去简单的文字排版形成了明显的对比。

第三我觉得一定是便于阅读的，这并不是说越简单越好。

第四我觉得它有阅读的穿透力，不是我们加上了插图，或用点尾花装饰，而是有节奏、有层次、有叙述逻辑地去呈现，这样才让人家感觉到阅读的穿透力。

第五是书籍的“五感”（视觉、触觉、嗅觉、听觉、味觉）。书的最大特点是物质性，物质性是纸质载体和电子载体的最大区别，现在很多人又回归到纸质阅读，因为纸张的阅读和电脑的阅读不一样，纸张阅读是在触摸当中

《中华舆图志》。吕敬人特地为全书设计制作了舆图一览表：中国历史大事记年表和舆图绘制信息及尺寸信息，在同一时间轴与同一空间内进行对比。历朝地图的年代、体量与制作形式的区别一目了然。反过来也可根据该一览表，通过书口信息轻松地检索原图。

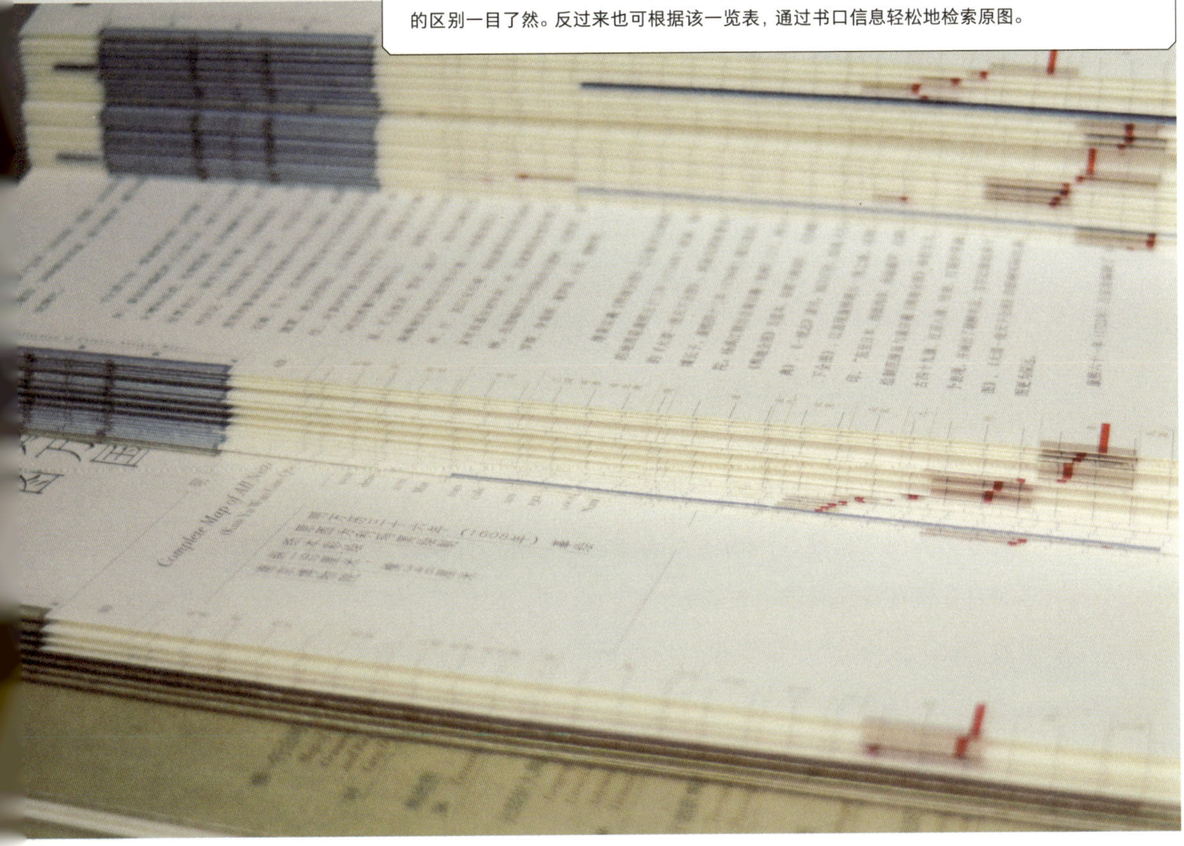

去感受的，所以纸张有语言，有表情，有性格，这个性格要与文本韵味接近。

殷智贤：气质要一致。

吕敬人：西方的纸传达的是西方人的气质，东方的纸传达的是东方人的气质，古代的纸传达的是古代人的气质，当下的纸传达的是当下人的气质，年轻人喜欢的纸传达的是年轻人的气质。纸张是有表情、性格的，包括触感、肌理等方方面面，好的书籍设计会让读者得到一个非常完美的阅读感受。

最后一点就是细节，细节决定你的成败。我们中国的书往往里面的图像不是不清晰，就是颜色不饱和。真要做好设计，所有这些细节你要照应好，不能疏忽，这需要花你很多精力，要到工厂亲自去看，去交流，和他们共同来创作。

我觉得一本好书的形成过程是一个工程，需要有好的内容、好的编辑、好的设计师，还有好的技术和契合个性的纸张，最后才有一本非常完整的书。当然还要拿到书店，在书店被读者翻阅之后，这本书的系统工程才算完成。如果放在书店里无人问津，最后送到垃圾场去，它就是一本失败的书。所以做一本好书是一个系统工程，每一步可能都要去关照。设计师有这个责任，做好一个导演。

我是这么划分的：出版社应该寻找好的书稿，就像投资人寻找好的剧本、好的导演等；设计师是一个导演，你把文本给我，如同找好演员——图片、文字就相当于演员，哪怕跑龙套的标点都是重要的角色。所以做导演的你要去讲好这个故事，你要调度各个元素，通过创造美的视觉呈现、流畅的阅读结构、完整的表现语言，最后令读者得到有趣有益的阅读享受。

殷智贤：刚才您从5个维度谈设计所创造的价值，其中我很关注的就是方便阅读这件事情，因为很多书读着特烦，看着看着就看不下去了，信

《剪纸的故事》。吕敬人将剪纸作品的特征和民间的味道用现代新剪纸的概念形式重新演绎。模拟由外向里的剪纸方式，有意在书页中呈现许多由外朝内切入的断页，将作品上下分离、拼合，产生灵动的图像组合和有趣的阅读感受。

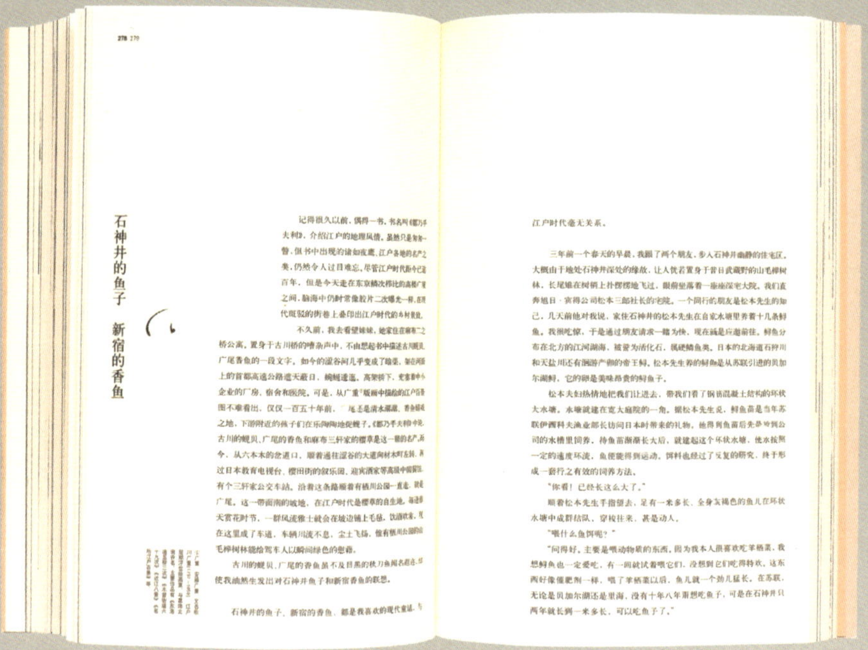

《烟斗随笔》。书的内文设计体现作者作为音乐家的身份气质，文字排版上疏密相当，既有视觉上的节奏感，也能保证阅读中的节奏感，图片的铺陈也讲究层次感和镜头感，有叙事功能。吕敬人设计作品。

息排列得特别错乱。您怎么解释方便阅读？

吕敬人：方便阅读要取得一个共识。今天确实有很多过度设计、垃圾设计。

殷智贤：有些是对社会有害的设计。它们可能会造成价值观的混乱或视觉污染，但这些有失分寸的设计有时会以创新作掩护。

吕敬人：这些是存在的，但是今天是一个多元的社会，千万不要用一个标准、一种大一统的话语来禁锢创作。其实不同类别的书有不同的设计语法：好比文学作品、论文集、政论等，是一种类型的设计方法；而艺术类的书，比如艺术家个人的作品集，又是另一种类型的设计方法；那些自然科学题材的书则既有严谨的一面，又有延展发挥余地的一面；儿童读物则更可采用异想天开的活泼的设计风格。今天的设计应该有不同的层次。有的书必须是舒朗的，尤其是文学类，你不需要加入更多的色彩元素。一个作家有他的思想，你不能添加更多的凌驾于他思想之上的多余的装饰。我在做文学书的时候会很小心。但是如果是一本人文历史类或者社会调查报告类的书，这个时候我会根据内容需要，有目的地添加辅助信息，比如说我会非常注重历史背景，通过寻找相应的历史资料增补一些辅助性的信息来解读。而做艺术类的图书，设计要能够体现艺术家的特征。比如说我前段时间做的《剪纸的故事》，我是以导演的身份重新编排这本书，尤其是书的结构，用了剪纸中由外往里剪的形式，更新了翻阅的体验，最后的效果非常好。

所以刚才你说的阅读的重要性，证明设计很重要。设计一本书的目的到底是让人看你的设计，还是看书的文字，取决于书的属性。比如《烟斗随笔》这本书，我尊重作者的音乐家气质，让书带有一定的音乐感，同时处理好文本的阅读节奏感，图片的应用也讲究层次布阵和镜头感。这时你一定要克制自我意识。这本书的阅读体验就很流畅，也含蓄地表现了设计感。如果凌驾于作者之上，削弱了作者的情感表露，增加很多不必要的东西，就是浪费了人家的阅读时间和精力。

当然，不能说所有的书都应该设计成一个样子。

殷智贤：当然。千人千面，千书自然也是千面，不是表面这张脸不一样就叫有个性了，而是内外贯穿的神韵有自身的特质。

吕敬人：但是首先也是最重要的，是让人阅读。最近我到美国参加一个叫CANTEX的艺术家做书的活动，他们不仅把书看作一个阅读载体，而且看成一种独立的表现艺术。

殷智贤：因为平面设计本身是一种语言，它有独有的表达方式。

吕敬人：没错。所以这些艺术家会颠覆正常的线性阅读方式，增加很多附加的形式。同时你可以看到这是另一种阅读方式，艺术价值就很高。

所以书籍设计有两个层次：一，我们为普通的读者去做设计；二，为特殊的艺术需求去做设计。这是两个不同的对象。所以你要搞清楚服务对象及其目的：如果是为阅读，就好好为阅读来设计；如果是纯为艺术享受，就尽情表现你的艺术，做得特别精巧，特别好看，这也是可以的。

今天市场上有一些书设计语言太多，甚至让读者感到摸不着头脑，无病呻吟。所以书可以分几类：第一类是大众看的，就是普通的书、相对便宜的书，还有教科书，这类书你做设计时一定要克制；第二类的受众是分众，分众就是指一些文化人，真正喜爱读书的人；第三类的受众是小众，即书籍收藏者。

殷智贤：面向最后一种读者的创作空间相对比较大，当然成本也会更高。那么针对大众读物的设计您有什么想法？

吕敬人：前些年人民教育出版社让我设计“十三五”义务教育中小学教材，我邀请了很多优秀的设计师都参与了这一设计活动。

殷智贤：这个特别重要，因为孩子们最初的美学教育除了每天接触最多的家庭内的审美环境，就是课本了。

吕敬人：是的，我对以往的中小学教材一直很揪心。原因很多，有些家长

人教版“十三五”义务教育中小学课本。设计师认为，设计是驾驭秩序之美的过程，网格为文本建立起一个让信息得到有效、清晰、易懂地呈现和传达并便于记忆的控制路径。该套课本的整体设计，从封面到内页，从体例到结构均采用网格形式，以年级和科目划分，建立全套教材封面格式、内文布局、字体、字号、色彩管理等信息传达视觉系统，通过规则化的设计，将众多的学科规范，统一于一个整体形象。

缺乏基本的美学素养，不能识别书卷气质的良莠差别，比如当设计师为课本留有一定的空白时，就有家长写信告状，说出版社在卖白纸。

殷智贤：但是很多孩子都有在课本空白处画画的习惯。

吕敬人：对，这很重要。古书的页面中留有很多的空白，古人有眉批的习惯，让读者留下阅读的笔迹，也是阅读的行为过程的一个部分，我们坚持在中小学课本中留有一定的空间，不管是否能行得通，起码我们已经传播了这种书卷的审美意识。

殷智贤：真的要说服决策者支持这种设计，那么多孩子都有在课本上画图的习惯，这是孩子的天性使然，你不给他们留出这个空间，文图排得满满的，会让孩子少了一个自由创作的阵地！

孩子只有看这样品质的课本才能有气质啊！

吕敬人：能够为我们的孩子做点事情是很重要的。尽管很多设计师都很忙，有很多大书可做，有很多得奖的书可做，为中小学生做教材就是一个义务，一种奉献，其他设计师也有这种共识，他们也参与了，甚至亲自画插图。

汉字本身结构特别美：横排有格律美，竖排有秩序美，字体的各种表现形式也美。汉字在阅读中的呈现形式是多种多样的。

殷智贤：有很多年轻一代的中国设计师，说西文比中文好设计，方块字不好设计，不像西文那么自由，因为那是线条字体。我非常反感这种说法，作为一个中国的平面设计师，你说你驾驭不了自己的母语，这简直是一种耻辱。但是我们也确实看到，他们在接受设计教育的过程中，学习的设计范例有大量的西方线条字体的范例。在今天，他们也有机会看到一些宋版书、明版书的影印本，也可以看到过去的书籍装帧，但毕竟那个年代和今天的社会生活差距很大，所以这就面临着一个问题——中国的平面设计语言怎么契合当下？

吕敬人：这个问题太重要了。我在教学的时候，同学们也提到过同样的问题，他们会说西文的设计有现代感，好看。我对此说了三点。第一，你生长于汉字文化滋润的土地，你每天吃的是东方的大米饭，而不是面包，你的气质主要是受家庭和社会环境的影响，但你却把最熟悉的扔掉，捡了个生疏的过来，设计情感从何而来？现在的设计只是个外在形式，主体丢失了。第二，如果你未来是在国内工作，服务的受众一定是中国人，那一定要掌握好汉字的应用规则和审美判断，以最适合文本的字体字形传达给受众。第三，中国的汉字是当今世界上仅存的象形文字，象形会意，间架结构都源自祖先造字的智慧，对汉字的美应该有自信。

殷智贤：而且如果中国的设计师能够用心去揣摩，本来可以创造出独特的设计语言。

吕敬人：其实西方人可羡慕我们至今还在使用的象形文字了。

殷智贤：对啊，他们用他们的字体绝对创造不出汉字才会有的美感。

吕敬人：汉字本身结构特别美：横排有格律美，竖排有秩序美，字体的各种表现形式也美。汉字在阅读中的呈现形式是多种多样的。外国人一看竖排的汉字，眼睛都亮了：好美！

殷智贤：如果是为了阅读，他们的文字只有一种排列方式，但汉字却可以横竖自由，而且我们断句非常自由，因为汉字的每个字都是独立的，但西文就没办法做到，就得以单词为单位，对于十几个字母长度的单词，你不能为了排版的方便将其安排在不同的位置，那会影响阅读，但中文就自由得多。

吕敬人：有一点很重要，就是文字性的表达。中国的古籍特别美，其版式当中也有黄金分割，比如明代的《永乐大典》，文本的版心长宽比是1∶0.626，而西方的是1∶0.618，二者的差别只有0.008。所以我觉得无论东方的古人还是西方的古人，对于书籍版式中最佳的比例关系都掌握得特别好。另外，从形式来讲，我们中国的文、图、空间、格式在世界上曾经是独具特色的。为什么这么说？宋、明版本的版式格局特别讲究。比如，宋刻本《梅花喜神谱》中线框格局的划分，合理又有趣的图文布阵，体例、文字的阅读分割，特别有逻辑，既有规矩又十分灵动，同时它创造了很多的格式，中国古籍是很有秩序感的，这方面并不比西方差。我在国外展示中国古籍设计版式时，外国人表示出浓厚的兴趣和钦佩之意。

中国汉字，作为设计的元素，可以看成一种视觉图形。很遗憾，今天繁体变成简体，有些字意无法视觉化了。虽然很多设计师不能精微地驾驭繁体，但起码你要对汉字字源的美有认知。

> 设计就是要学会驾驭秩序，不然就是画家做的纯艺术，爱怎么画就怎么画，中国画画法中常有『意到形不到』的追求，其实是一种随意，可以不讲形准而求意会或韵味。但设计不允许，图文的来龙去脉，须编排得规规矩矩，必须讲究秩序。

吕敬人：什么叫设计？设计就是要学会驾驭秩序，不然就是画家做的纯艺术，爱怎么画就怎么画，中国画画法中常有“意到形不到”的追求，其实是一种随意，可以不讲形准而求意会或韵味。但设计不允许，图文的来龙去脉，须编排得规规矩矩，必须讲究秩序。要尊重设计的规律。

比如设计文字排版必须掌握明视距离，什么是明视距离呢？就是眼睛与书本之间的健康距离（阅读文字不吃力）。具体讲，书页上如果登载的文字是五号字，眼睛与书保持一尺即30多厘米，就是可以看清的最佳距离。做书的设计必须考虑阅读者与书的距离，所以在设计字体、字号时，一定要有明视距离的考量。为了酷，把字设计成小得看不清，那就有悖于设计的目的。

殷智贤：对，这种设计就没有为读者充分着想。

吕敬人：书名也不是越大越好，同样需要掌握科学的明视距离，选定字体字号前，设计师要仔细斟酌。尤其汉字的明视距离和西方的文字不一样，西方的文字是拼音文字，单个字母虽小，但连起来作为一个词并不影响阅读，但汉字不行，字形有繁有简，字一缩小，繁密笔画的字就会变成黑黑的一团，阅读起来很困难。所以要根据阅读的规律，确定最佳的字体字号。比如说做海报应该多大字号，做封面应该多大字号，不是越大越好，当然也不是越小越好，因需而定，对不对？

另外一个话题是，图形作为一个符号也可以用来做封面，但国内规定书封、书脊一定要有文字，一些非出版类艺术图书可能无所谓，但一般的书是有方方面面的规定和限制的。所以设计是戴着镣铐跳舞，要能挣脱镣铐的束缚，尽情地去施展你的才华，也是一种自我挑战。

殷智贤：这个讲得太好了！

吕敬人：当你突破限制地去设计，并得到客户方的认同，其实也是一种满足感：挣脱了框框限制，做出了一种表达。

殷智贤：表示你能超越那些限制。

吕敬人：这其实也是一场博弈，通过交流沟通，达成共识，有一种满足感。

谈到日本的书籍设计，我觉得有两点值得探讨。第一，选题。你去看日本每本书的选题，切入点真的是不重复的，总有新的角度和视点。比如讨论“圆”，从自然宇宙、社会人文、宗教精神到物质异化、造型的起源和发展，研究深入且具有前瞻性。再如关于“瞬间”“截面”的探讨分析，透过实用主义功能作用的表层，研究事物潜在的可能性。而我们的学者还在讲平面构成、造型比例、装饰对称……这些基础知识不是不要，而是也该与时俱进吧。人家都已经在研究潜意识的东西，能让未来有新知识点，让人产生好奇和进步的动力。第

懷袖雅物
卷一 蘇州摺扇 通釋
A General Description
卷五 蘇州竹人錄 文抄
卷二 蘇州摺扇 扇骨
Elegant Articles in Sleeve
The Fan Ribs
卷三 蘇州摺扇 扇刻
The Fan Carving
卷四 蘇州摺扇 扇面
Fan Coverings

吕敬人设计作品《怀袖雅物》。设计刻意透着中国的书卷风韵。该套书以古籍线装、经折装、筒子页、六盒套等传统的不同的书籍形制作为本书装帧形态，但又不拘泥于古籍形式。全书采用近十种不同纸张，其语言和表情分别担当书中不同信息承载的角色。折扇被视为中国文人雅士的象征物，故除了在书脊的订口分别设计了梅、兰、竹、菊象征“文人四君子”的图案外，设计师还用扇骨对函盒进行了连接功能结构的创新设计。全书基调优雅且质朴，传统却不落俗套，充分展现了东方的文化气韵。

二，日本有关注细节的传统，例如在文字的设定、图像的要求、印刷的精确、色彩的还原、装帧的严谨、材质的环保等做书环节，都做得很到位，其质量肯定不会差到哪里。

韩国、中国香港地区和中国台湾地区的设计规矩也比较严谨，许多方面要比我们大陆的设计做得到位，值得我们借鉴。

与此同时，我觉得也要看到我们的进步。我相信随着改革开放的深入，我们更能以一种客观的态度去尊重他国文化，中国大陆的设计会有长足的进步，我们与世界会有一个非常好的融合。

这些年我到欧洲、美国、韩国、日本和新加坡教学，当地人对中国的汉字、水墨、古籍都很感兴趣。每次我会带着宣纸、毛笔，传达水墨的韵味，并做成东方式的书籍，他们特别喜欢。世界各国文化各不相同，我们应具包容心，开阔视野，取长补短。

当下，从书籍设计领域来说，观念的改变是迫切要解决的问题，一些出版人或设计师只注重所谓的书衣打扮，这是中国书籍艺术进步过程中的瓶颈。书籍设计师应该对文本进行包括编辑设计在内的书籍整体设计，让文本通过设计得到读者的喜爱。今天也出了许多有意义的小书或者叫自费出版物，这些都是在电子载体催生下的纸质书。一些纸质书籍的热爱者，他们拒绝电子阅读，而信仰回归自然的做书方法，我对此很认同。在电子阅读风靡的时代，提倡纸质书是一种信念。

我从杉浦老师那儿得到的启发是：要观察和吸纳生活中所有有生命力的东西，并充实到你的设计当中。

殷智贤：您觉得海外的现代设计能够给我们带来的启发都有哪些呢？

吕敬人：我要提的可能还是我的老师杉浦康平，因为在老师身上我学到了很多，也正是他让我关注亚洲文化，关注包罗万象的东方造型。他提到汉字的独特性，他说：“日本从中国那儿学了汉字，你们中国人应该自豪，眼睛不要只盯着国外，盯着日本，师父盯着学生干吗？”这是一点。

第二点特别重要，理性主义是西方人带来的，所以他们判断事物往往用“是”和“不是”的绝对化思维，东方思维则是一种混沌法，是在虚和实、对与错之间去寻找某种可能性。所以可以避免武断，而能更灵动辩证地去解释问题，这给了我非常宽阔的思路和想象力。第三点是噪音概念。他说如果你往地上踩一脚，用显微镜拍摄会发现是无数微尘轰然而起。他说这就是大自然的存在，每个人就是社会中的一粒微尘。今天的商业设计，尽可能把所有的瑕疵都抹掉，做最光鲜亮丽的表现，唤起顾客的购买欲。当然今天看来无可非议，但东方文化中的民间艺术，包括图腾、祭祀、敦煌的造像、曼陀罗等的内涵是丰富的，包罗万象的，生龙活虎的，也是千姿百态的，它们周而复始地“轮回”呈现，充分展现出东方文化的生命力。别老是用绝对化的思维，形成某种模式，因感受麻木而对周遭丰富生活失去了兴趣。现在有人说没有设计的设计就是最好的设计，这就绝对化了，加法和减法是辩证的，没有加法哪来减法？宁静和喧闹也是相对的。

我从杉浦老师那儿得到的启发是：要观察和吸纳生活中所有有生命力的东西，并充实到你的设计当中。中国是喧闹的，而我的性格比较厌烦闹腾，但闹腾是东方的一种生活氛围，是一种蓬勃的生命力。

殷智贤：您刚才讲西方的商业设计要去掉一切瑕疵，东方人则要一脚踏下去尘土飞扬。

吕敬人：比如说陕西的秦腔、山西的梆子听起来很热闹。我是上海人，喜欢悠扬的评弹，不同地方艺术之间彼此都不搭界，有各自的艺术规律和标准，不必谁向谁看齐，各具特色。杉浦老师专门研究民间艺术，研究社火，他觉得这才是东方人的力量。所以我们今天总是推崇商业推销概念，强调设计的纯粹，却失去了东方人生活中红红火火的本色，失去了中国的味道。

殷智贤：我是这方面的受害者。在追求现代性的道路上，我曾经非常想找到这种“纯粹”的标准，后来发现：首先这种“纯粹”是不存在的；其次，如果你真的非常执着地去追求这种所谓的“纯粹”，势必以压抑某些天性或牺牲掉多样性为代价，是得不偿失的。

吕敬人：今天我们的判断要多元，我的设计有时会追求纯净，有时会非常繁复。不能说简约的设计就一定是好设计。简约不等于简单，繁复不能与混乱画等号。当然我的设计也有清静淡雅的时候。

殷智贤：需要干净的时候就干净。

吕敬人：对，我也不拒绝那种蓬勃的设计，所以我也在重新思考民间艺术。我是上海人，通常上海人是比较小资的，将乡土民间的东西斥之为乡气或土俗。

殷智贤：对，这是海派文化的基因。

吕敬人：我喜欢吃西餐，对西方的方方面面感兴趣，但我作为一个东方设计师，仍要关心自己文化土壤里面滋生出来的东西，这些才使我有设计的底气，比如古籍带来的最重要的设计资源。我到欧洲办展览，欧洲人称赞我的设计，不是说其中的理念与他们的理念有多么相近，他们会说这些作品里有西方所不具有的东方味道。

我不太同意“只有中国的才是世界的”的说法，因为今天的世界已是你中有我、我中有你了，重要的是把本土的好东西渗透进你的设计当中。即使是很现代的作品，但是只要你内在有深厚的东方审美，你的设计就在一定程度上体现了东方人的个性，会赢得人家的尊重。现在有的设计不用中文，而用外文，模仿一些外国的样式，外国人会说他们早就走过这个阶段了。

殷智贤：你只是跟在人家后面亦步亦趋，没有自己的思考和创造。

吕敬人：有些外国老师来中国兼课，看了学生做的东西，说怎么看不出这些是中国的学生做的东西呢，为什么和他们的学生做的一样呢，所以一定要体现本土最有代表性的东西，才能创造你的优势。我的设计追求是：不摹古却饱浸东方品位，不拟洋又焕发时代精神。未必达得到，但总有一个方向吧。

殷智贤：您怎么定义现代精神呢？

吕敬人：现代精神是有时间性的，相对于过去，其他则都能称之为现代。而现代又是在为未来创造传统。没有现代感的人只停滞在以往的记忆中，富于创新精神的人不会满足于这种状态。我喜欢看京剧，但我也喜欢看西方的音乐剧。我陶醉于西方文学，但这并不影响我对东方文化的自信和尊重。所有的传统都是随着时代的步伐前进的。时代更迭，生产手段、生产关系都随之变化，所有的上层建筑也随之产生范式革命，从装帧到书籍设计观念的转换，是时代使然。

殷智贤：是，我们谁都无法让时代的脚步为我们停下来。

设计是与无言对象的有情互动

花草在人类的生活中一直扮演着启发人类、表达人类情感的角色。

就花草本身而言，大自然并未赋予其这样的任务，但人类则将自己的诸多情感倾注其上，这是人类的情感活动和精神活动的场域之一，而且一直延续着。

袁宏道在他的《瓶史》中说："寒花宜初雪，宜雪霁，宜新月，宜暖房；温花宜晴日，宜轻寒，宜华堂；暑花宜雨后，宜快风，宜佳木荫，宜竹下，宜水阁；凉花宜爽月，宜夕阳，宜空阶，宜苔径，宜古藤巉石旁。若不论风日，不择佳地，神气散缓，了不相属，此与妓舍酒舍中花何异哉？"人们借花事描摹时间之美和空间之美，不同时节，应不同风景，选不同花材，取不同花姿，是生活中的一番讲究，也是情趣所在。在一次次的景致变换中浓缩大自然的万千气象，这是中国人以"人和"应"天时"与"地利"的生命态度。

中国古人并未将插花作为一项能与琴棋书画并列的艺，而只是将其作为一般闲事对待。

不作为"艺"而作为"闲事"的选择意味深长，这意味着对绝大多数人而言，插花不是牟取功利的工具，它更多是怡情养性落入日常的生活趣味，既然不是为了换取钱财、名气或地位，攀比和心机就十分多余。

对大自然的敬畏与视其如父母的自然观使中国人一直推崇取法自然的美学主张，无论色彩、线条、造型、意境都以模拟自然为上乘品位。所谓生活的诗意是一器一物、一丝一缕都能激发人内心真挚的情感，唤起人对这个世界的热爱，塑造着我们美好的情怀。

用对花材，不越时取物是对自然的尊重，也是人的谦逊；如何造型，从而找到花最美的展现方式，是对花朵的珍惜。毕竟每一朵鲜花都只有短暂的生命，在这有限的时光里，如何才能使它们最充分地实现各自生命的价值，是需要享受它们的美丽的我们审慎对待的。

花开花谢，日落日升，每一刻逝去的时光都不会重来，珍惜每一寸光阴，珍惜每一件物品是中国人守候生命的方式，人与花相互陪伴的时光里充盈着很多具体而生动的细节，也承载着鲜活的生命。

如果我们懂得珍惜、懂得欣赏，那么此花虽只显现一时，却可以创造长久的情感价值，也不辜负彼此这一场相逢。这样的情怀和趣味需要人主动投入自然，去感知，去注入情感，去生发想象才能获得。

万宏对花艺设计的理解更多地强调人对自然的敬畏和珍惜，如果怀着一切都来之不易的心情对待每一次的花艺设计，就会去努力发现每一朵花深层的美，这个过程其实是在学习心灵上的修行。

插花过去讲是四种闲事之一。其实越是这种无用之学，往往越能够提高生活的质量。

殷智贤：随着经济的发展，国内生活水平的提高，花开始在人们的日常生活中扮演着越来越受瞩目的角色，于是这两年花道这个概念在国内开始流行了，很多做花艺的设计师都有了他们的发展空间。但是我们也注意到，花道这个概念来自日本，中国以往在花艺设计这方面的传承脉络若隐若现，不是很清晰。今天中国花艺设计的美学走向到底是什么样的，它的设计理念是怎么形成的，包括它的技术手段哪些是合适的，哪些则要审慎地推广，其实都有着初级发展阶段的特点。一般人在欣赏花艺设计的时候，没有什么特别清晰而且是有说服力的判断标准。很多就停留在视觉层面。作为从业多年的专业人士，您怎么看待这种现状呢？

万宏：其实我觉得这个问题首先应该放在一个大的环境里去看，说得形而上一点，美本来就是没有严格的标准的，就是因人而异的。我觉得现在中国最大的问题是审美出现了问题，而不是说有没有标准的问题。

殷智贤：您觉得审美出现的最大的问题是什么呢？

万宏：精神层面的东西缺失了之后，物欲就不断膨胀。审美本来应该是一种精神活动，现在变成了一种物质的东西，这样物质代替了精神，不扭曲是不可能的。我觉得最根本的问题还是要重新塑造我们自己的审美，这个可能是最重要的，也是最难的。因为中国的审美修养断层不单是这几十年的社会环境造成的，从南宋时期崖山海战以后，中国人的审美就在逐步退化。有人说实际上是“俗文化”代替了“雅文化”的进程，我认为这个进程还在持续。如果大家有了最基础的审美判断力，我觉得标准就不再是问题了，审美标准是个比较具体的问题。至于中国插花的审美标准，不同的人群、不同的立足点都会提出不同的标准，也许按这样的思路，标准问题就会成为一个模糊不清、左右为难的问题。以哪个阶层或群体的意见建立标准？以单一群体的意见来建立标准，显然是不符合现代社会的理念的，而一个社会没有基本的审美标准，显然也是灾难性的事件。艺术的标准不是靠投票表决或人数多寡能够确定的。

在经历了宋以后几百年文化世俗化的不断推进之后，中国文化中，俗文化越来越占据重要地位，“雅俗共赏”成为重要的标准，而将雅和俗并列去建立一个统一的标准，根据短板理论，自然是俗占据了主导。宋以前的文化以贵族士大夫为核心，至宋朝达到顶峰，艺术的话语权在贵族手中。文化世俗化的趋势，起初也许是政权更替使然，到了近现代，这种趋势实际是伴随着“平权运动”而不断推进的，代表着平民阶层的艺术权利的要求。这是世界性的，非中国所独有。

问题的关键不在于俗与雅哪一个更好，它们都有存在的依据。就好像中国过去大户人家过年，厅堂上要摆插花，它是岁朝清供的重要组成部分。但是厅堂上摆的插花和书斋里书斋清供的插花，标准是不同的。例如竹子是书斋清供用的上好材料，象征“虚心有节”，代表的是文人的风骨。厅堂上，则不用竹子，而用南天竺来体现“竹报平安”的主题，因为厅堂上的插花，尤其岁朝清供中的插花，要体现和谐美好的主题，要表现出对家族兴旺的期许。竹子有个特点，一生就开一次花，竹子开花了就离“寿终正寝”不远了，而且竹子有节“中空而不通”，从期待家族兴旺的世俗角度看，竹子无疑是不吉利的。对于竹子的态度，雅与俗是完全不同的，过去中国人处理这种不同的方法是，不同的环境、不同的使用需求采取不同的标准。也许这正是“和而不同”的理念，这可以给我们今天以启发。

站在今天的角度看，雅俗之争，其实不是谁高谁低的问题，而应该具有平等的权利。宋代以前，雅占据至高无上的地位，结果造成社会资源消耗过大的难以为继的窘境。可如果把俗奉为圭臬，则群体审

（明）《百子昌荣图》，选素雅绿色古铜壶为容器，使整体华丽隆重中不失雅致，适合厅堂的陈设。瓶中花材众多，以莲花、蜀葵、木槿、石榴等为主，百合、月季等穿插其间。（左图）

（清）钱维城《如意图》，瓶中插岁寒植物，下端以三枝带刺的月季花为主，松枝直立耸出，作为衬托，梅花在西北角拉开后景的深度。而与百合、柿子、如意形状的灵芝等一同陈设，乃取其谐音“百事如意”的吉祥，适用于厅堂造景之插花用器。（右图）

美会走向庸俗化，就会像清朝一样出现像乾隆这样审美趣味庸俗化的君主。审美标准的平等，就意味着以雅为巅，以俗为基，给雅与俗不同的、适合它们的位置。

年轻的时候，觉得俗是不可忍受的，随着年龄的增长，逐渐意识到，俗与雅反映着不同阶层、不同人群、不同场合的不同需求和标准，都有其合理性。中国古代思想领域最为辉煌的时候是春秋战国时期的“百家争鸣”，不同阶层、不同群体提出了各种不同的主张，阐述他们的诉求。从某种意义上讲，百家争鸣也是一种权利平等的思想使然，而这种思想使中国给世界带来了丰富的精神遗产。

基于这种认识，我觉得审美标准、艺术标准的问题，不应该提出一个统一的标准，而应该建立一个探讨标准的机制和氛围。这种探讨的过程就是一个审美水平提高和普及的过程，这样才有可能建立起一个广泛的、有一定高度的审美基础。

插花过去讲是四般闲事之一。其实越是这种无用之学，往往越能够提高生活的质量。

殷智贤：是啊！闲事能够做出专业高度来，生活品质就不一样了。换句话说，用专业的态度做闲事，才能养出风度来。

殷智贤：现在很多人，尤其是很多女性，觉得她们要学习一些花道来提升自己生活的情趣和审美的修养，于是市场上多种花艺设计流派应运而生。当这些流派在市场上异彩纷呈的时候，我们也看到了一个值得关注的现象，就像您刚才讲的，其实中国人过去更多地把花艺当成闲事，并没有真的把它像做学问一样条分缕析，建立一套完整的理论体系。今天当我们去谈花艺设计的时候，少不得以流派来划分不同的设计理念和技术手段。作为一个普通人，当他想在生活中引入这些花艺的时候，怎么知道不同流派背后的哪些生活理念以及美学内涵和他个人的价值观及生活情趣是契合的？

万宏：大概眼睛是第一位的吧。就像有一句话说的“相由心生”，其实一个人喜欢什么，是由他的心灵决定的。而如何对待一朵花，其实是和他内在的东西直接相关的。

殷智贤：不过由于不同人的美学主张不一样，技术不一样，作品就会不一样。

万宏：对，包括性格、文化背景都包含在作品里。

殷智贤：成长经历、需求都在里面。

万宏：其实这是一个特别高深的专业问题了，我可以称之为“美学心理学”。比如说一个插花作品，如果那个设计者的性格就是没头没脑的，生活是很散乱的，他插的东西也会是散乱的；如果这个人是属于谨小慎微的性格，插出来的东西就是拘谨的。搞设计的人都会知道，用不同图形和线条代表着人不同的心理，比如方形、圆形或波折线、波纹、斜线这些东西，实际上插花跟这个原理是一模一样的。

对一个以视觉方式呈现的东西，发心和技术就像人的两条腿，哪个都不能少。

殷智贤：一方面我们通过一个作品去深入了解设计者的意图，反过来也一样，当你想传递某种内涵的时候，要通过做一个设计才能够和接受者很好地沟通。如果我们只谈视觉层面效果的话，我觉得这个沟通可能太简单了，或者太表面了，一个好的设计，应该不会这么简单。

万宏：这就牵扯到您刚才说的，所谓的技术和专业的素养。对于“发心是超越技术的”这种观点，我其实一直都特别反对，为什么呢？对一个以视觉方式呈现的东西，发心和技术就像人的两条腿，哪个都不能少。如果没有手段，你怎么表达？如果你不知道直立代表静止，倾斜代表运动，你一定会选错表达的语言。所以我始终认为一个真正的大师，第一他要有正确的发心，第二必须有技术。

殷智贤：同意。就像写作，即使你有很美好的情感，但说不出来也不可能

易花道“十全式”作品。受儒家思想影响，宋代宫廷中出现上下分层的直立式结构的插花，这类插花将花卉按照其象征性的地位高低安排高下位置。宋代以后这类插花演变为大户人家的厅堂插花，用花种类丰富、讲究，寓意吉祥美好，成为世俗插花的最高形式。易花道的“十全式”插花，是在宋代直立式插花和明代厅堂插花的基础上，进行归纳整理后的作品。

有好的作品。

万宏：确实是这样，技术是手段，你没技术，房子就盖不起来，只能盖一个猪圈。但是光强调技术就容易变成流派了。

殷智贤：其实插花挺像写诗的。有的人情感很真挚，人也很善良，但是他的情感表达不具审美价值。对于自然界的花，我们都可以称之为美，其自身的属性所具有的天赋放到你手里能不能大放异彩，取决于你对它的理解和对它潜力的挖掘，以及运用的技术。即使是一般闲事，其实也还是要讲专业度的，否则，作品的气质不太可能有一个好的呈现。

你说中国人真的没脱离那个贫困的物质生活的状态吗？不是。其实在物质生活上已经脱离了，但心理上没有，还是觉得必须占有更多的东西，才能消除匮乏感。

殷智贤：从花艺设计角度来讲，不得不承认今天中国市场上的很多花艺设计还是非常粗俗的。在造型上，那种大量的堆砌，色彩上的夸张……我们都能看到，它们可能很好地满足了那些有钱、喜欢炫耀、张扬的消费者的心理。但是对目前市场上这种花艺设计的走向，我个人不是很认同，因为它背后体现的是一种野蛮，是对资源无节制的消耗，和对个人欲望无节制的宣泄，我觉得这都是不健康的。我们谈审美，也谈技术，但是最终是要做选择的，比如说虽然审美"仁者见仁，智者见智"，但它还是有一定共识的。

万宏：这就又回到最初的那个发心。其实你非要对比说发心和技术哪个更重要，确实我也赞成发心更重要，我们只是强调不能因为发心而忽视了技术。为什么说发心更重要？因为技术也是需要发心的。比如说我有一个学生拿到一枝花，我跟她说"这枝花你要注意，想好了怎么用再剪"。大概过了半个小时，她说“我已经做不下去了，您来给我做吧”，因为她把所有的枝干全剪成同样的长度，一节一节的，没法做造型了。这其实就是发心的问题，为什么呢？我常常跟学生说，剪子是利器，利器就有生杀予夺的权力，要慎用。你必须想好了才可以下剪子。你随意地下剪子，其实说浅一点，反映着你的控制欲太强了，而忽视了对它的尊重；再说深一点，可能就是你的情感不够，你没有真正对那个生命有足够的敬畏和尊重，所以才会轻易下剪子。这就是一个发心的问题。

所以我觉得技术是需要发心的，你没有好的发心，技术很有可能就被用歪了。现在很多堆砌的花艺设计之所以呈现那个状态，真的是那些设计师没有技术吗？也不尽然，有很多时候是因为发心的问题。你说中国人真的没脱离那个贫困的物质生活的状态吗？不是。其实在物质生活上已经脱离了，但心理上没有，还是觉得必须占有更多的东西，才能消除匮乏感。

殷智贤：您谈到匮乏感限制了人们对美的判断力和想象力。

万宏：是的。人之所以不知足，是因为看不到身边的好东西，并不是没有好东西，而是因为你看不到这些好东西。看不到，你就感知不到美。

比如说来我们教室里上课的这些人，其实没来过几次，但她们说现在的生活跟以前不一样，最好的感觉就是以前从来没觉得周围这些植物有这么多好玩的地方吸引她们。我觉得这个是花道最大的力量，就像路边的狗尾草特别不起眼，可能之前她们都不注意它，但现在她们看到狗尾草觉得那么可爱，那么美。

殷智贤：对，而且她们脑子里可以构思很多画面，狗尾草可以提供给她们一次又一次想象的机会。

万宏：而且这是可以做到的，秋天的时候可以坐在茶桌边上，插一枝小野菊，一枝狗尾草，就能获得很大的幸福感。我觉得这个是花道最大的

自然乡野插花。作品取材于山野间的野花和庭院里随意栽植的草。将中国古典插花的理念与当下生活结合，是今天中国插花艺术需要思考的问题。只有让传统文化活在当下中国人的日常生活里，我们才能说我们继承了自己的文化传统。

意义，美真的是具有特别大的力量。

殷智贤：是的。

万宏：而且这种力量是潜移默化的，在过去的很多年里，很多中国人实在是把美这件事忘得太干净了。

殷智贤：那时只顾得上生存，失去了太多和生存无关的东西。

万宏：所以我也很担心，在这个重建的过程当中会走偏。

殷智贤：对，我们依据什么来判别美与丑呢？

万宏：其实随着时代的发展，审美在不停地发展，古典主义时期强调的是唯美，后来发现艺术除了唯美以外，还有更新的东西，就是艺术带有思想性，它能启发人。于是就出现一种揭露式的，揭露丑恶的艺术表现也是美的一种。

殷智贤：就像波德莱尔的那部《恶之花》。

万宏：但是如果艺术只揭露丑恶，不告诉你什么是美，结果只是宣传了丑恶，并没有告诉什么东西能够战胜丑恶的话，那这就是大问题。

殷智贤：而且会让人愤怒、哀怨、愧疚或后悔，就是不给人希望。

万宏：对，不仅是不给人希望，而且会因为不断宣传，让一些缺乏判断力的人分不清美与丑的边界。

殷智贤：一些本来要被批判的，因为频频出现在公众视野里反而被习惯了。

万宏：存在有它的必然性，但不代表存在的就是好的。我觉得这是两件事，必须分清楚，但是现在很多人认为，存在就有必然性，必然的就是好的，这种逻辑令信奉它的人不分好坏了。我们还是谈美的标准的问题。我举个很具体的例子，比如说我们年轻的时候和年纪更大一些的时候，喜欢的东西会有变化，这个美的标准的变化和我们的阅历、年龄、心态、受教育经历、人生经验等都有关系。不同民族有自己的特性，中国人认为美的东西，法国人不一定认为美。虽然人类在有些事情上有共识，但是还是有民族地域的差异，也有时代的差异。像今天中国这样，事实上我们的各个方面都处在建设当中，我觉得仅有批判是不够的，建设比批判更有意义。如果说在今天我们要重建我们的美学标准的话，可能要做的工作需要触及几个方面，就花艺设计这样一个切入口来看，我认为您刚才已经谈到了敬畏心的问题，就是说人和这个世界相处需要有敬畏心，你说你要创造美，但是你不能没有敬畏就展开你的创作。美，说到底是心显现的结果。你有什么样的心就会欣赏并创造什么样的美。

殷智贤：我记得上野雄次说过，插花是为了表现生命对重力的抵抗力量。我们活着，就是在被重力支配，但也恰恰是不断与之对峙的证明。从这个意义上说，鲜活的造型能表现与重力的持续对抗。这种力量越强大，越让人感动。造型，是为了更深入地触动人心。这是一种理念，甚至是一种信念，这会引导我们如何用花去实践一种生活方式。

殷智贤：我们来谈谈人和花材之间是一种什么样的关系。因为当这种关系确定了之后，我们才能真的开始动用技术手段来创作，最后使这个作品能够达成我们想表达的价值观及审美主张。您是怎么看待人和花材之间的关系的？

万宏：现在很多人时常把感恩挂在嘴边，但是到底什么才是感恩？人很容易对别人感恩，相对来讲这是一件比较容易的事情。因为这两者比较对等，但是你能不能做到对别的事物感恩，比如花草？

殷智贤：这是一种什么样的感恩之心？

万宏：比如说在花道中，花草的角色是什么？我感觉花草就是天使，它们没有别的任务，就是为了启发你：你善待它们，它们就会用所有的生命，把你启发到更高的境界去；你不善待它们，它们就启发不了你，反而牺牲了它们的生命。所以对待花草，我的观点就是要怀一颗感恩的心，你感恩的时候，就不会轻率地对待它们，而是变得慎重。我说

易花道“一元式”作品。五代十国以后，中国插花开始真正将儒家、道家思想体现在插花之中，素雅、简练的插花开始出现。在宋代宫廷中，常用一种植物插制的素雅的插花来装饰茶会、雅集等雅事活动和书斋等文人空间。这类插花多使用兰、梅、松、桂、菊等格高韵美的花卉，造型讲究典雅、端庄，插花手法讲究严谨、利落，这种形式尤其在宋徽宗的提倡之下走向极致。宋以后宫廷插花没落，这种类型的插花演变为文人的书斋清供，以一种花材创作的插花一直被认为是书斋清供的经典形式，这便是易花道“一元式”插花的来源。

的慎重并不是说不果断，而是说这种果断一定建立在你对它们认真地审视和敬畏之上。

殷智贤：还包括深入的了解。不同的花，生命力不一样，有的谢得快，有的谢得慢，不同的花材也都有自己的脾气和秉性。你得谙熟它们的禀赋，才能让它们的美得以充分展现。

万宏：其实你了解花的过程，是一个很快乐的过程。有一种插花形式叫“一元式”，到冬天就会用松柏来插，完全没有花，只有枝叶，那怎么去表现呢？刚开始的时候，几乎所有来学这个的人，都觉得无从下手。我会告诉他们，经常去野外看看植物，去看看大自然当中的植物是怎么长的，慢慢地就会理解了。其实所谓理解植物，就是理解那些生命本身：它们生长在什么样的环境下，什么季节开花，开花的时候表情是什么样的，阴天时表情是什么样的，雨天时表情是什么样的，有太阳的时候表情又是什么样的，了解这些需要一个漫长的过程。如果你期待一两天就能把它读懂，这不太现实。跟人还能够有更多的交流，而花草是无言的，完全要靠你主动去理解。这个过程会比较漫长，但是值得的，因为你了解它们的过程，其实也就是了解你自己的过程。

中国现在最大的问题，就是俗文化的市场特别大。这又涉及一个特别根深蒂固的问题，怎么能够唤醒这种对诗意的需求？

这两年好多了，大家开始越来越觉得花是一件美的事物，有很多非花艺设计师但是有更高文化水平修养的人进入是好事。但是这其实也带来了另外一个问题，大家认为：花没什么，反正我有审美就行了。对专业这件事情不在意。一时的不在意无所谓，可是从长期来讲，如果不在意的话，最终导致的就是没有高度。有高度，才能成为一种文

花草是无言的，完全要靠你主动去理解。这个过程会比较漫长，但是值得的，因为你了解它们的过程，其实也就是了解你自己的过程。

2014年，万宏以题为“留得残荷听雨声”的作品参加日本规格最高的花艺师协会（NFD）花艺大赛，作品以现代花艺的手法表现中国诗词的意境。作品的获奖，不仅是对作者所做探索的肯定，更是对中国当代花艺的认可。

化，有了文化它才有意义，否则闲事就真的只是闲事了。

您有一句话说得特别好，您说您只想影响周围那几个人，慢慢地，那几个人会带动他们周围的人，最后社会慢慢就会改变，而一心想改变社会的人，最后可能祸害了社会。我觉得确实如此，所以我们现在的想法特别简单，就是尽我们所能，把美的东西传达给我们周围愿意来的人，其实就行了，就够了。而且我们发现这么做反而效果是最好的。非常自然，非常舒服，而且大家都很愉快，谁也不把这件事当成一个包袱来做。

殷智贤：因为你不设期望，不设义务，它就自然了。你一旦有了期望，有了义务，就不自然了。

万宏：但是现在整个社会的状况，是不把唤醒当成事的状态。

殷智贤：虽然并不容易，但是我觉得“向好之心，人皆有之”。

万宏：在类似《蠡海集》那种记述民间杂项的书里曾说到，在宋代的时候，东京汴梁有这样的专门机构，类似现在的保洁公司，它叫清扫司，其中有一项服务就是插花。因为这个不是每天都需要做的，所以很适合由专业的机构来负责，需要的时候只要花点钱请他们来做就好了。

中国的插花三两枝就可成趣，不一定要奢靡，这里面包含着对自然的敬畏，包含着惜物观。

我觉得这是对的。一个社会有一批相当专业的人，能够真正很精细地去研究它就够了，要全社会都去精细地研究它，大可不必，太消耗精力了。但是如果完全没有人去研究，大家都把它当成闲事的话，就会呈现那种“葛优躺”的状态了。

还有就是中国的历史，从唐代开始，罗虬在他的著作《花九锡》里说只有“兰、蕙、梅、莲辈乃可披襟”，直接把花分成三六九等，如同官员的任命分成“九品九命”。我认为这和现代社会平等的观念是完全相悖的。这些东西该去除的就需要去除，其实这种思想在清代沈复的时候，就已经开始遭人反感了，沈复说：如果你能够做好，杂草荆棘一样可以入插花。

殷智贤：当一个国家不富裕的时候，“贫困美学”必然会被提倡，否则的话物力消耗太大，这个国家真撑不住。

万宏：所以我们“易花道”的“易”字有五层含义。第一层是《易经》的易，第二层是变，因为中国插花讲师法造化，每一枝花都不同，你要根据花的不同特点来插花，所以变是一个常态。第三层含义是更替，季节更替的理念在中国的插花里面非常重要，它表现人和自然的这种关系。第四层叫和悦、平易。如果你有钱，你愿意去日本花十几万、二十几万日元买一棵松树，再锯下来插花都没关系；你愿意用进口的新西兰芍药，三四十、四五十元一枝也可以，反正那是你的钱。但是如果我没钱，我享受美的权利也不能被剥夺。我插一枝狗尾草、一枝小野菊，也可以享受那种美的生活。最后一层含义是简易，是说中国的插花三两枝就可成趣，不一定要奢靡，这里面包含着对自然的敬畏，包含着惜物观。这种简易不是简单，理解成简单就大错特错了。

殷智贤：花是自然的恩赐。人不要那么理所当然地消耗。

万宏：不分高低贵贱，每个人都可以来学习，都可以去享受自然赋予的权利。

万宏：我越来越觉得，没有审美真的是一种灾难。

清朝有一种插花形式叫“谐音插花”，比如说“百年好合”，就是把柏树、万年青、荷花和百合加在一起，就叫“百年好合”了。

最可笑的叫“前程万里”。“前”用的是铜钱，放几个铜钱，然后“程”是拂尘，拂尘的“尘”字在江浙一带不是跟“程”是一样的音吗？“万”是万年青，“里”是放俩李子。综合在一块叫“前程万里”。

殷智贤：这插花得多寒碜啊！

万宏：这还不是最寒碜的呢。我再给您说一个寒碜的。清末有一个叫马贻的，画了好多这样的东西，有一个最著名的叫“加官晋爵”。一个爵（古代一种酒具）里面插两枝鸡冠花，然后边上放一个帽子，叫“加官晋爵”。

殷智贤：现在有人把这些东西当成国粹又捧回来了。

万宏：有人说中国插花的一大特征，或者说一大优势，叫作“一花一祝福”。实际上这是艺术世俗化的表现。

殷智贤：艺术恶俗吧？这哪儿是世俗？世俗还是蛮淳朴的，哪有这么做作和功利？！

万宏：有人甚至说这是中国插花的精髓。所以对传统的再认识是一个学习、甄别、重建的过程，过去的东西并不都是好的。而且我们一说继承传统，结果就很恶俗。比如说现在中国人用红色，红是阳中之阳，这是极端的颜色。结婚的时候以红色为主，这没问题；过年的时候多用一些红色，也没问题。因为冬天要“扶阳”、新婚要“扶阳”，都很正常，但是现在做什么都是一片红色的海洋，变成一种完全不健康的东西了，就特别失衡。

对传统的再认识是一个学习、甄别、重建的过程，过去的东西并不都是好的。

殷智贤：其实取中才是正常的。

万宏：中国人讲中道。

殷智贤：对，用左代替右就一定好吗？反过来也一样。走极端，结果就会失衡。

万宏：可能这个时代就是巨大变革的时代。

殷智贤：一个人、一个国家、一种文化都有自身的命运。

万宏：相对宇宙来讲，文化在我们人类看来很伟大，其实非常渺小。

殷智贤：而且特别脆弱。

万宏：说消失就消失了。

殷智贤：对。蒙古人铁蹄南下，大宋王朝即使文化再灿烂也不复存在了。

（清）沈焕《仙葩清供》。桶中栽种万年青，取“一统万年”的寓意。

万宏：那么优美的宋文化，说没就没了。某种程度上蒙古人的铁蹄踏碎的是中华文化的“底盘”。

殷智贤：现在很多人歌颂宋代的美学，称其“领先世界一千年”，是“中国文化的巅峰”，似乎我们今天应该复兴宋代美学。我对这个主张持谨慎态度，因为复兴一种美学，绝对不可能只是复原一些器物或者一些技术，一定是整体的文化系统的复苏，这样才有可能实现。可是今天的中国，如果再次回到宋朝的文化系统，我们就面临着文化的转型、制度的重建、社会整体财富的重新配置和教育模式或人才培养模式的改变。宋朝能创造出这么美的器物和艺术作品，是从上到下都对美有极致的追求的结果，而且有士这个阶层支撑着审美的底线，以皇帝为首，对造美物倾尽全力。如果一个国家的精英倾注了很多心血在插花、烧造瓷器、绘画、书法、吟诗填词上，而且整体很有修养，那这个国家的艺术及审美怎么会不登峰造极呢？但这么精致的文明必然会变得易碎，所以最后被游牧民族征服也是无法抗拒的历史规律。今天的中国想复兴宋代的美学，就要在丛林法则风行的当今世界先解决好生存安全的问题。这可不是风月之事，而是风云之事。

器在中国的传统里也算是一个很重要的创作载体，因为中国讲『上面花为阳，下面器为阴』。阴阳相合才是一个完整的东西，虽然中国的插花传统很重视器，但是器决定不了花。

万宏：大概20世纪90年代末到21世纪初的时候，这一段时期是插花设计的启蒙阶段，到现在差不多20年了，中国真正比较普及地去发展插花的这些年里，一直就是拿来，就是东抓一把，西抓一把，今天从日本抓一把，明天从荷兰抓一把，后天从德国抓一把。

殷智贤：对，基本上把全世界的花艺流派都抓来了，就像盖房子似的，全世界的建筑风格在中国几乎都能找到样板。

万宏：我们现在的学习就是抄，根本没有理解欧洲花艺的精髓或美国花艺的精髓是什么。我们学传统的，也是抄，比如抄台湾的，因为台湾已经整理出一个系统了，却不管这个系统有没有问题，不去评判，也不去深入研究和思考。就举一个最简单的例子，现在中国大陆流行的插花是用六大容器来分类的，因为台湾分了六大容器，可我觉得用容器分类存在着明显的缺陷。

器在中国的传统里也算是一个很重要的创作载体，因为中国讲“上面花为阳，下面器为阴”。阴阳相合才是一个完整的东西，虽然中国的插花传统很重视器，但是器决定不了花。

所以现在按花器分类就是一个很大的谬误，更别说这个分类里面还有很大的问题，比如宋代时认为汉以前的青铜器是最好的插花容器，所以从宋代开始插花就用鼎，对“鼎”的重视已经到了膜拜的程度。而在台湾的花器分类里，六大容器居然不包括鼎，在中国文化里象征意义这么强的一个东西竟然没有被收入！可是他们居然选了缸。缸那么大的家伙过去很少用于插花的，相对来讲，在文房里它也是一个比较粗劣的东西，装画轴而已。

殷智贤：装盆栽有可能。

万宏：对，装盆栽会用。像这么明显的存在谬误的东西，大陆人都没有经过鉴别就去用了，所以我们说现在中国大陆插花的状况就是不加拣择地四处拿来。

殷智贤：不过小孩学说话的时候，是好话歹话都一块学，不区分。这些都会被时间检验出来的。历史上出现过很多应景的流派，最后能传世的始终是凤毛麟角。

有一次我和一位书法家聊书法，他说：想想五百年后还有人愿意学你的字吗？还有人愿意收你的字吗？如果没有，说明你的字是传不

（明）唐寅《岁朝图》。案上花器乃青铜器兽面纹铜尊。

下去的。可是你想想，中国以毛笔作为书写工具有三千多年的历史，每一朝都出过若干书法名家，但最后足以垂范后世的至今能数出来的也就几十位，其他人都湮没于历史的长河中了。

我想流派的存在恐怕只对专业标准的确立有一定的指导意义，而那些专业标准若不能使该流派的创作方法及作品惠及当下及后世，到后来就是自生自灭的结局。

今天的中国处在文化上的又一个草创时期，大家还不能确定发展方向，都在摸着石头过河，纷杂是这个阶段的必然现象。

不是说只有花艺设计这个领域是这样，中国大陆各个领域现在都存在类似的问题。对所做的设计如何定义常常说不清楚，词穷的时候加个“新”就算命名了，比如说家具设计，都叫“新中式”。因为消费者还不太能分出拿来的和经过设计师自己深入消化磨出来的东西有多大的差别。所以现在想用流派来确立某种设计的特质，这个建设工程非常不容易。

万宏：我觉得这项工作的完成要依赖整个社会的文化建设，花道在整个文化里面也就是个小东西。

殷智贤：对，它不属于支柱性的，不像书画，就像您一开始说的，插花就是“闲事一桩”。

万宏：因为中国还从来没形成插花这么一个行业，在过去的中国文化里，它没有独立的地位，它一直是存在于文人生活当中的。

殷智贤：它是依附在生活方式里的。宫廷画为了呈现生活场景，会较多描绘配上花器的插花。这点跟西方的绘画创作有共通之处。西方的绘画里，凡是描绘贵族肖像或生活场景的，很多花都是在器物里面的，直接体现了人的态度和操作，有非常明确的身份特征，也清晰地打上了阶级的烙印。但启蒙运动之后，等级制度逐渐退出了主流的社会生活，民主和平等的价值被不断推动，在绘画作品里，花就非常自然地出现在家居场景中，不会有太刻意的设计，更不会用花材或造型去强调身份等级。我觉得这个差别，应该呈现了不同价值观的人对于花与人的关系的不同认识。

万宏：其实中国人爱花，中国号称“世界园林之母”，中国也是最早开始做野生植物驯化的国家，但是很奇怪，却没有给花一个足够重要的地位，或者说中国历代并没有对花有那么强的敬畏心。

殷智贤：可是您看我们大量的诗歌、绘画里面，花是非常重要的角色，花寄托了中国人多少情感啊：失去亲人的时候会有花，恋爱的时候会有花，官场失意的时候会有花，得意的时候也有花；少年、青年、中年、老年，在人生各个阶段，哪里没有花？庭院里有花，乡野间有花，还有吟诵的诗文和创作的绘画里，都有花，你看《诗经》里面有多少花？

中国人从来没有让花在自己的生活中缺席过。但过去中国人并没有把它作为一门独特的手艺去发展出一个专业，不像做个瓷器、玉器、金器，都是门手艺，有专业性。花就是所谓闲事一桩，但这桩闲事我觉得是很有意味的。这么重要的一个东西，随处可见的一个东西，大量地出现在中国艺术创作里面的一个东西，中国人把它放在闲事一桩的地位，我们要怎么看待这件事情？花到底和我们的生活、和我们是一种什么关系？花对日本人、法国人和对于我们中国人，一定是不一样的。

现在很多西方人的家里面，他们用花，常常是不做过多的造型设计，轻轻松松一插就完了。花以此方式出现在他们的生活里，呈现他

至于未来怎么走，我比较倾向日本人的方式，第一，我觉得日本人的这种方式里，带有体味性。第二，这种方式是非常友善的，尤其对环境是很友善的，因为他们用花用得非常少。

们的一种态度。但是日本人不会，即使是一朵特别小的花，日本人也要找一个特别精致的瓶器，量好尺寸，插完了以后，放在桌子上的某一个位置，这是他们的态度。

那中国人呢？花在当代中国人的生活里，要以什么姿态出现呢？

万宏：其实中国人是特别接受存在的，这东西存在在那儿，中国人就会给它找各种各样合理的理由。所以中国的插花今天这个样子，是合理的，明天是那个样子，也是合理的。而中国人一直没有真正地把它上升到道。

殷智贤：对啊，中国人认为不必，道已经在花中了，无须另外做一个花道出来，所以古人才不在这件事上较劲呢。

万宏：中国插花设计的诞生和发展，核心的地方是江浙一带。中国插花都是以长江流域的物候植物为依据的。过去野花随处可见，中国人为什么会有“折枝”一举？因为生活中就是这样——从外边折一枝花拿回家一插。日本人为什么会形成花道？我觉得很重要的一个原因是日本人插花用的很多材料最初都是从中国运去的。过去日本人特别讲究茶艺，松、竹、梅，那是典礼上用的，都很重要的。可是梅是从中国引进的，日本人把从中国传过去的东西叫“唐物”，中国式的插花叫“唐样花”。小野妹子带着佛教和插花一起回到日本，所以花道开始的发心里有供佛的意味，那就不一样了。比如说日本最古老的花道流派“池坊”，其家元（掌门人）不仅是池坊家族的，同时还有另一个身份，是京都六角堂的住持。日本花道实际上是艺术和宗教结合的产物。

大概到了明治维新以后，日本才真正全面超越中国，在这之前，会插“唐样花”、有“唐物”等这些东西，都是日本人可以拿来炫耀的事。所以日本花道的根在中国，不管日本人承不承认，他们从中国学习了太多插花的东西。因为这个是学来的，而且花的物种是外来的，器物也是外来的，所有的东西都能标志出身份的高低，所以日本人对它的重视油然而生，这反而促使它成为一个花道大国。

但中国人不是，花就是装饰，是为了表达情谊，在中国画里面出现的都是家居陈设的元素。至于未来怎么走，我比较倾向日本人的方式，第一，我觉得日本人的这种方式里，带有体味性。第二，这种方式是非常友善的，尤其对环境是很友善的，因为他们用花用得非常少。

中国人现在是追求夸张、奢华，要透支很多东西，但是实际上并没有理解这种奢华设计的意义是什么。比如婚礼最重要的应该是传递情感，但是很多中国人似乎不会表达情感了。

殷智贤：表达情感的方式常常就是“砸钱”，似乎花钱越多，越能证明我对你情感深厚。我送你一首诗有什么用啊！婚礼现场用了多少万枝玫瑰才能证明我有多爱你。

万宏：从这一点上讲，这些人的心肠是很硬的，他们觉得诗这种东西都是“瞎扯”，不会为之感动。

日本花道的这种方式应该说是更符合器物之道的，因为它包含着敬畏心以及对环境的友善。日本的花特别贵，一枝百合的价钱，大概相当于我们国内10枝的价钱，非常贵。但是我觉得有些东西贵是对的，为什么？对人而言，贵是可以让他产生敬畏心的：这个东西贵，不能糟蹋。而且它贵了以后，种花的人就会用更多的心，因为他知道这么干能带来收益。中国市场是这样，比如说我们买一束包装好的花，10枝花里头大概能挑出五六枝好用的，可能剩下几枝就是凑数的。但是就整个行业来讲，如果有30%是不能用的，这是多大的浪费？日本的花卉市场不是这样，拿过来一包10枝，保证每枝都是好的，不会有滥竽充数的。这种使用资源的效益是非常高的，节约出来的土地、人力、物力，是完全不一样的。所以我比较提倡日本的方式。

近些年来的传统文化回归，其出发点在于找到民族的凝聚力，在

2014年青岛国际婚礼时尚周，在青岛涵碧楼，万宏为美国婚礼大师普立斯顿·宝利（Preston Bailey）私人宴会设计的题为“碧影涵云”的花艺装饰。作品以满天星花、钢草、蓬松棉等极简单的材料，生动诠释了中国“以素为绚”的审美意趣，将中国山水意境与现代花艺有机地结合。

2012年三亚国际婚礼时尚周，在三亚异地原样重建的杜月笙老宅里，万宏为普立斯顿·宝利私人宴会设计的题为"竹兰双生"的宴会花艺装饰。以竹子与兰花这两种君子之花，将中华文化的独特审美情趣与中国四合院式建筑及西式宴会完美地协调在一起。

文化上找回民族的自我价值，这对于一个国家和民族来说十分重要。中国插花的复兴，是这种需求的一部分，关键是这种传统文化回归的目的与意义以及手段应该是什么？

结合前面所说的，传统文化回归的核心，应该是回归中国文化的人文精神。

所以我一直盼望，中国这回传统文化复兴能像欧洲的文艺复兴一样，是继承和批判、重建交织在一起，恢复精神，而不是恢复形式。

殷智贤：难点在于，欧洲文艺复兴中，为艺术家或者说启蒙者提供支持的赞助人的远见卓识和格局，决定了他们会扶持谁，以及扶持这些人干什么。例如著名的美第奇家族资助了拉斐尔、米开朗琪罗等当时第一流的艺术家进行创作，才使当时的人们看到突破中世纪文化桎梏的艺术杰作。这样的魄力和艺术修养是欧洲文艺复兴重要的精神资源。而今天的中国如果想实现文化复兴，我们需要一大批这样高素质的企业家和有传承的世家作为强有力的支持。

所以中国这一次文化复兴会复兴什么样的文化，固然取决于我们看得见的这些创作者，也取决于那些扶持他们的人有什么样的见地和格局。

公共生活篇

设计是用来成全生活的

在过去的几十年里，中国有着世界上最大的房屋建造量，历史上各种风格的建筑在中国几乎都能找到对应的作品：从古罗马的柱式建筑到解构主义的折线建筑、未来主义的曲线建筑，从中国明式建筑到法国的巴洛克式建筑，从美国乡间别墅到德国包豪斯公寓，一些当代的、先锋的甚至实验性很强的设计也都在中国纷纷落地。这些形态迥异的建筑出现在中国大地上，直接参与了我们的生活，影响了我们的审美、生活方式乃至价值观。我们尝试过在各种建筑形式下的生活方式，从对自己的文化没有什么自信到开始确认自己的文化身份，中国人用快速建造、快速体验、快速更迭来寻找属于自己的当下建筑形态。

我们要走向现代化，但现代化是什么？对现代化的理解决定了我们将什么样的成果定义为现代性设计。我们怎么知道自己全力以赴追赶的列车真的驶向现代？如果我们对现代性的理解来自奇诡的造型和未有先例的建筑实验，我们就可能选择住在能耗高、维护成本高、居住环境差甚至危险但能博人眼球的建筑里；如果我们唯恐自己搭不上欧美设计建造的现代化列车，而全面效仿他们的居住方式，可能会忽视土地等自然资源与人口的紧张关系给设计带来的严峻挑战；如果我们认为美国的住宅品质代表着先进和优良，那么以中国现有资源与人口配比的现状，我们除了抱怨生错了地方，可能就是用牺牲自然环境的质量来换取现代住宅的品质。

首先，一个设计究竟符合谁的意志才是合乎公共道德和长久利益的？一个设计好不好究竟需要经过什么评判程序？以什么评测标准才能确认它的合理性？其次，这些程序和标准的设定究竟如何消弭专业权威和公众认知的差距？再次，在当今社会，评价一个设计的价值是以投资者获得的回报还是以使用者享受到的利益为重？最后，当一个设计被认为是错误的设计，怎样避免类似的错误再次发生？

所以一个成熟的社会，在关于建筑设计的选择上应该是有基本共识的，这些共识生成的维度和达成的过程会兼顾各个阶层各种面向的需求。而设计的修养则体现在各方对于共同利益的认可及维护上，包括自然资源消耗的方式和标准、社会资源分配的原则和标准等等。

从这个意义上说，有设计的修养是各个社会群体能就设计展开有质量的对话的基础，也是所有这些矗立在大地上的建筑不会成为伤害而是成为庇护的前提。

王澍对目前建筑设计中的某些理念和作为的担忧是其对建筑在时间-历史和空间-地域双重维度下可能付出的代价的忧虑，而我们真的无法漠视这两个维度上的损失带给我们当下和未来的影响。从他多年的教学、设计和建造实践中沉淀下来的思考与经验，也映射出中国改革开放40年里建筑领域所触及的各种问题，而这些问题直接影响到我们公共生活的品质和方向。

殷智贤：对于“现代性的设计能否与传统共融”这个问题，您以往的建筑实践虽然提供了一些答案，但我想应该不能全然表达您对于中国当代建筑设计发展的思考。中国处在今天这样一个环境下，我们面对非常多的挑战，包括国际的和国内的，来自环境污染、文明的冲突等，中国现在要发展自己的设计，您觉得核心工作要做哪些？

王澍：其实中国要做的工作应该说特别多。中国现代设计发展的时间特别短，而且发展演变的历史又不是连续的，可能在20世纪二三十年代，在中国能看到一些很有意思的现代设计的作品了。但是那个脉络很快就中断了，中断在某种意义上就是没有了，因为它没有连续性。虽然中间也曾出现过不成系统的、极零星的、偶然性的案例，但是没有产生任何整体性的影响。

比如说20世纪50年代，中国建筑师在北京做出一个很现代的东西：和平饭店。20世纪80年代初，同济大学的冯纪忠先生在上海做了一个方塔园。但这是孤例。

殷智贤：那是中国自己的设计，真正清晰地使用了中国的建筑语言。

王澍：对。真正形成整体性的、有现代建筑意识或者说自觉的设计意识（这种意识是作为个体的主体意识，不是某种宏大的主体性表达）的，有生命力的、创造性的东西，是到了20世纪80年代末。不过80年代末只有声音，但几乎没有作品。90年代末开始有一些具体例子出来。从建筑设计层面上看，我们对现代性的理解才刚开始不久。

当中国进入城市化高速发展的时期，整个新的城市房地产是以户型为基础的设计，这个设计就告诉你传统的生活全面失效了。因为对自己的文化缺乏认识和自信，简单地追求物质性，只是做社会等级上的攀比，失去了文化的基本主体性。

不过有一点无法回避：整个生产形式发生了根本性的变化，生产传统建筑的那个模式被改变了。当你面对全新的材料、工艺和生产形式的时候，你不采用现代主义的理念和方法很困难。除非你用工匠的技巧去造假，像我们造的假的中国古董，或是假的西洋古董，其实都是用水泥做的。

现代主义有一点可以接受的就是直接面对材料的本质，跳过任何意义不确定的或意义已经失效的表达，试图从中间探讨出更基本的新形式。这种精神是大家能领会到的。

这里有一个错位——中国的传统文化特别接近现代主义。这才是一个很重要的连接点。

殷智贤：我觉得后来面临的困境就在于，这种连接并没有跟随中国的历史进程继续推进，来适应当下的生活。

王澍：因为转化并没有那么容易。传统的生产形式完全是在另外一个知识体系里。

殷智贤：对，也是在另外一种思维方式下，虽然这两者貌似有相通之处。

王澍：这点到20世纪90年代变化很大，中国人习惯了坐在空调房间里，那么传统建筑语言就彻底失效了。如果要使用空调，传统的建造方法首先要做到全封闭，这件事就很困难。中国传统的建造法是没有办法简单地做到全封闭的，它是透气的。而使用空调的前提是不透气。透气和不透气就直接决定了这一套建筑语言还有没有效。如果硬要使用中国传统建筑的建造方式，只能做装饰，没有继承的可能性，除非你找到了新办法。

殷智贤：所以中国传统建筑的生产形式没能适应当下生活。说到这一点，有人会认为可能是由于您在中国传统文化上的积淀，使您的设计一直在试图传递中国思维对人居的理解，您认可这个评价吗？

王澍：一部分，这不是我的全部。

你生活在一个地方，有你的生活方式、你的回忆、你的习惯……这些东西其实都是设计的基础。建筑本来应该是和生活配套的，但我发现中国传统建筑的那套东西现在有点失效了。改革开放后，当中国进入城市化高速发展的时期，整个新的城市房地产是以户型为基础的设计，这个设计就告诉你传统的生活全面失效了。这种失效对很多人而言是被动的，有点茫然不知所措。因为对自己的文化缺乏认识和自信，简单地追求物质性，只是做社会等级上的攀比，失去了文化的基本主体性。

我觉得建筑师有这个责任，建筑设计不同于一般的设计，建筑设计是用这种空间方式规划了别人的生活，等于把别人的生活给设定了。

殷智贤：如果对方比你弱的话，他没有能力跳出这个为他设定好的框架。

王澍：是这样的。所以这个时代的建筑师和历史上的建筑师是不一样的。历史上的建筑师做的大量工作是改良的工作。现代意义上的建筑师其实是一个有点危险的职业，甚至扮演了一种类似上帝的角色。

殷智贤：非常有可能强加于人。因为您在此地生活，和此地的文化有一种天然的血缘关系，所以您的设计必然会以中国人的思维传递对人居的理解。那您认为不尽然的部分是什么？

王澍：作为当代的设计师还是要有变化。不是简单地把过去塑造成理想状态。比如我刚才说到的用不用空调的问题。中国人已经没办法不用空调了，建筑设计的所有标准，包括节能规范，都是以用空调作为前提，这是全中国都通行的规范。

但也有一个问题，我们都知道能源危机的问题。我一直主张如果从中国的哲学和伦理角度，这个问题必须加以思考。人要有自律，有自觉，有所限制，对能源的使用不能这样肆无忌惮。谁都知道这样是不可持续的，这样的状态是非常危险的，大家担心这个纸醉金迷的时

王澍设计的垂直宅院——通策钱江时代：每一户都有前后院，每个院子都有茂盛的植物，一半的住户都配有滴灌系统的种植池，住户可以自行建造属于自家的花园，以改善现代居住体验，将建筑与生活配套。这是设计师试图对城市住宅拔地而起后公寓居住者生活“失重”的一次挽救。

代会突然结束。这时你会回头想，可能原来中国人的生活更接近于用自然的方式来做调节，包括古建筑里面现在认为是缺点的，其实相当一部分是它的优点。

比如中国的院落本身就是一个大空调，是物理性的空气调节系统，而不仅是抽象的文化概念。

殷智贤：对，它也有它的物理作用。

王澍：当然，生活方式的变化对人的观念的影响有多大，它对整个建筑的影响就会有多大。

我们后来设计中国美术学院象山校区，整个校园的建筑设计很重要的一点就是想将从传统里面学到的方法，应用于完全新形态的设计，包括做了很多对温度和空气的控制。比如走廊没有大窗户，风很大很热的时候，走廊里面风很小，但是有风，这是一个控制。我们当时还做了一个折中的设计，我们只给每一栋楼的一个区域提供空调，其他的区域不提供，最热的时候，大家集中在一个地方。因为学校有寒暑假，除掉寒暑假之外，最热或最冷的时间不长。这时候大家可以集中在一个地方，能够保证用一个最简单的办法来降低整体能源消耗。还比如墙体设计得比一般的厚得多，屋顶厚度也增加了，我称之为厚墙厚顶的简单系统，把整个建筑的保温隔热的物理性能问题解决了。不过这个解决方案无法达到和空调等同的效果。

后来我做了很多国际的交流。美国学生来这儿，被安排在没空调的教室里。问他们夏天怎么样，他们说感觉很好。问他们热不热，他们说热，但是可以接受。但中国学生不能接受。几年过去，现在基本上能装空调的地方都装上了。

殷智贤：即使是夏天，很多公共场所室内是18度，我不喜欢。室内温度调这么低，对人的身体很不好。商家说那没办法，顾客都这么要求。

王澍：18度的标准是从新加坡传过来的。在新加坡，即使是夏天，新加坡人也要穿全套西装。这种方式的背后就是文化和伦理的观念。

殷智贤：所以像您刚才谈到的学生不接受象山校区不安空调，这本身可以算是一种文明的冲突。

王澍：是。其实我们设计象山校区的时候，也经历了寒暑假没有空调的那段时期，都过来了，你会发现人的适应能力特别强。

殷智贤：当学生们不接受象山校区没安空调这种现实的时候，与其说是他们的身体在抗议，不如说是观念在抗议。

王澍：很多家长质疑学校：他们付了那么多学费，为什么学校不给装空调？我觉得这时学校就要进行教育，表明你想传达什么样的理念和价值观给自己的学生。学校如果不坚持，最后就是这个局面了。

其实我们象山校区的建筑里是有中国文化的东西的，比如我们的门都比较小，就像园林一样，门开得小才是文化人的姿态，我们是学校，不是官衙，有些东西要收起来。

殷智贤：如果没有一个价值选择的话，在面对这种要求的时候，人就没有肯定或否定的理由。

艺术家在从事艺术创作时，不会只遵从艺术标准，会被许多非艺术的力量影响。当艺术家作为一个社会人时，艺术家只是一个社会身份，艺术家本人还有许多社会价值需要实现，所以他会向某些力量低头，或者遵循某些游戏规则。“纯粹”是一种理想，很难成为一种生活。一个人坚持一种理想，需要很多的条件，不完全是想不想的问题，还有能不能的问题。

王澍：所以从某种程度上说，建筑艺术天生就是当代艺术，它必须或不得不跟社会的现实连接在一起。你必须对社会和现实有判断，没有判断你做不了好的建筑师。

殷智贤：回到一开始您谈到的现代主义的问题，关于什么叫现代主义，至

中国美术学院象山校区的建筑大量使用自然光，更少使用空调而尽量去适应自然气温的设计理念。（曾翰摄）

校区里的建筑采用厚墙厚屋顶的设计，且走廊没有大窗户，意在让整个建筑本身发挥保温隔热的功能，减少空调的使用。

少在我目前的观察里面，我觉得中国当下对于这个问题的思考还不够充分，也不完整，所以对于到底该怎么理解现代主义也是众说纷纭。如果这个观念不能梳理清楚的话，您刚才谈的价值选择是难以建立起来的。您怎么阐述现代主义？

王澍：我觉得现代主义背后其实是好几种力量的汇合。

殷智贤：包括哪几种？

王澍：基础性的力量是生活的改变和整个生产及建造体系的变化，这个影响非常大。现代主义一开始就是基于批量建造产生的，在技术的层面上，它要求便宜、高效。人的生活因此也开始发生变化。现代主义早期的作品，主要是住宅，尤其是大型的集合住宅，面对的是打破了原来社会结构的现代意义上单体存在的小家庭，而且是工人阶级的小家庭。针对他们必须有一种新的建筑形式。这个和马克思的想法特别有关系，所以为什么早期的很多现代建筑师都是左派，甚至就是共产党员。

> 现代主义背后其实是好几种力量的汇合……基础性的力量是生活的改变和整个生产及建造体系的变化，这个影响非常大。

另外一种是意义的消失。建筑有自己的表达，社会结构、社会等级、宗教信仰等所有这些复杂的社会符号，在建筑上占了很大的分量，是建筑需要表达的社会意义，现代主义把这些东西都抹掉了。因为它们在这个社会里面失去了有针对性的意义，比如帝国被推翻后，所有跟帝国有关的符号就没有了；社会等级发生变化后，所有跟等级有关的表达也开始发生变化。现代主义是从欧洲开始的，因为从19世纪中晚期到20世纪初，欧洲发生了剧烈的社会动荡。

还有科学的蓬勃发展。所有东西从原来自然原生、带有人文状态的变化方式，突然进入一个通过一个抽象的理论就可以生产出东西的时代。这对建筑的影响特别大。

有人把科学的发展和艺术联系在一起，造出了一种抽象艺术，就是特别接近艺术本质和科学的新原理。对大家来说，突破原来宗教的束缚、帝国的束缚，追求自由的精神力量的时候，科学的发展和艺术的解放都是准备性的要素。现代主义最成功的地方就在于它创造了一种语言——衔接了科学和艺术的表达方式和创造方式。语言的出现原本需要很漫长的时间，一旦形成也不是随便就能改的。现代主义成功地编织出一种新语言，而且这种语言满足了刚才说的所有的变化性的需要，之后就形成了这种现代社会的主流语言。这件事特别有意思吧？其实现代生产中使用的例如混凝土、钢材这些都是廉价的东西，当大家把廉价材料重新和财富、权力联系在一起，变成一种崭新的表达的时候，这件事就变得特别诡异。

殷智贤：对。而且原本特别低端的一些材质，也被赋予了很高的美学价值。像安藤忠雄常用的清水混凝土，被认为有很高的美学价值。而在古典主义时期，一定要使用昂贵的材料、消耗巨额财富才有可能造就一个美学典范。

王澍：这时候你会意识到文化这个东西确实是“人编”的。

殷智贤：是我们概念的投射。

王澍：是。问题是它一旦形成了规模，被普遍接受之后，就会变得很“麻烦”——即使整个方向你觉得是错的，也没有办法轻易改变。这是很大的问题。

殷智贤：刚才您谈的现代主义是从您理解的它具备的若干特质来说的，我们先不着急谈它产生的后患，先谈在中国，今天想完成现代主义的建设，为什么还有相当一段路程要走？还没有准备好的部分是哪些？

王澍：刚才关于现代主义的表述，其实是简化版的，并不代表它完整真实的状态。我去过很多地方，很想知道除了街面上或者是书本上看到的一些现代主义的建筑作品，它背后的活动到底是什么。现代主义也有一个被文化再改写的过程。所以在欧美的各个建筑学院都能看到不是特别功利性的以生活状态自由思考的学生，持有这种态度的学生未来投入设计生产中，应该是现代主义到今天还能够一直有生命力的很重要的原因之一。

中国的状态在于，不是还没有准备好，而是我们学习得太快了，甚至不问学这些的目的是什么。

殷智贤：其实也没想过人家何以如此，就先拿过来用了。

王澍：一步就到位了。这个“到”的过程中就会出现特别空洞的现象。

殷智贤：有点囫囵吞枣了。

王澍：对，看着好像不错，甚至可能还挺牛，还挺领先，因为他们直接把人家建筑学院里头还不成熟的想法拿过来就造出来了，现在中国已经进入这个阶段。

但这里面缺了大量的东西。今天讲创造性也好，原创性也好，其实很多根本没有创造性或原创性，基本上是抄袭与高级抄袭，大概是这样。傻的就直接抄，高级一点的就变一变。我特别不能够接受的是“高级抄”的这部分人。

殷智贤：这些人不认为自己是在抄。

王澍：他们会理直气壮地说“我不是抄，我是原创”。

殷智贤：而且大多数非专业人士识别不出来。

王澍：可能全社会对建筑的认识还不够。我们在各种媒体上看到的，其实大都不是专业的人在介绍，很多报道的素材都是游客般地拍了一些图片，这对大家的观念影响特别大。整个社会对建筑方面的认识、了解是严重不足的。当然，相对这种不足，中国“补课”的速度已经很快了。我的体会是：在2000年之前，中国整个社会对建筑的认识水平是非常低的。1990年之前，整个社会几乎不认为有建筑这种东西，1990年至2000年之间大概通过房地产认识到有一种东西叫建筑。2000年之后，才开始意识到建筑里面有设计，好像还有点艺术。整个美术学院系统到现在为止都没有完全建立起建筑是一种艺术活动的意识，而这已经是中国最有艺术想法的地方了。所以整个社会很缺真正专业的建筑认识与评论，即使有评论，也常常说一些似是而非的话，不敢直接评。因为有大量的甚至80%至90%的案例是直接在抄，最突出的例子是世博会的主场馆，争论了半天，日本一位建筑师的回答特别聪明，他说："我认为不是抄，因为那个做得比我的原作大得多。"

殷智贤：我们现在看到一些所谓的非常前卫的设计，在国外都有它的原型。但是鉴于公众乃至中国媒体的见识不够，这些将原型做一些变化，拿到中国来投入实践的作品，对于中国公众而言可能是新的。有些时候，公众或甲方没有能力认出这个东西是"高级抄"还是原创。这种情形短时间内不太可能改变，恐怕要持续一段时间。

王澍：因为"高级抄"的背后，不仅仅是有现成的形式供他效仿，更有成熟的技术支持，让设计可以直接投入生产。而一个原创的东西，有大量实施的问题和技术的问题需要在过程当中实验，它的成本很高。

殷智贤："高级抄"的那些生产制造的技术都是已经完成的，甲方可以拿来用。作为买单的一方，他们肯定愿意接受这种方案。

王澍：是。

殷智贤：这就带给我们一个很大的挑战，如果中国想发展自己当代的建筑设计，尤其是形成独特的设计思维和语言，这个实验成本由谁承担？

王澍：这是两个问题。一个问题是你不能完全屈服于消费市场。如果一个国家说要有高度，称自己是大国、强国，标志在哪里？很重要的一条是有一部分制造一定是原创的，把自己真正有价值的观念树立起来，形成一个时期的文化表达。另外，我一向不主张做太贵的建筑。因为面对当下的环境危机和人口压力，中国发展面临着贫富差距的问题。

如果我们持有的是“小康价值观”，那么我们就要探索怎么把这种建筑做出来，且让它有一套自己的建筑语言：有没有一种更加健康的生活方式做基础，进而对整个建筑语言进行研究；怎么样用一种更加接近自然状态的建筑形态，从基础的建造体系、设计语言开始，通过再塑造，让我们能够对整个社会、整个世界产生更有效的影响。比如整个建造风格体系、施工的方法等这些东西的实验，都需要做大量的工作，但很少有人做这些工作，光从表面上改变一种装饰风格，是不能解决问题的。原创不一定花很多钱，但是要有耐心。

原创不一定花很多钱，但是要有耐心。

殷智贤：你得先相信自己，别人才有可能相信你。能坚持下来，这个过程确实是人成长的过程，或者变得强大的过程。太快的效仿使我们一直还没抓住现代性的精髓。您刚才说到中国学现代主义学得太快了。可能因为这样，我们对于现代主义带来的麻烦的预判是不够的。

西方开始现代化的进程比我们早，仅就设计领域而言，他们犯的错误，理论上我们应该是有前车之鉴的，可是我们今天仍然没有避免，而且付出的代价是很高的。您觉得这是人类的宿命吗？

王澍：也许是人类的宿命。

殷智贤：其实我想问的是，我们不能设定一个所谓的防范机制来避免这些错误的发生吗？

王澍：人还真是不吃亏不长见识。我经常举一个例子，就是日本。日本在20世纪60年代出现过跟中国类似的这种狂热化的发展。比如说在东京，住房要住市中心，必须是200平方米的大房子，低于200平方米就觉得没面子。70年代的石油危机之后，人们的整个观念都变了。其实日本现在更适合用“新常态”来描述。

殷智贤：对，人家稳定了。

王澍：它就是常态化了，它一直在向前，但整个社会都没有出什么问题，

上海世博会滕头案例馆。这个设计的灵感可以追溯到明末清初著名画家陈洪绶的《五泄山图》。王澍想表达对人与环境、建筑与环境之间到底应该建立一种什么关系的思考。他采用了“切片”式的设计方法，即通过多个空间切面来反映在不同空间里的建筑形态和人的不同活动方式。建筑外观为上下两层的古色古香的江南民居，馆内布置了“天籁之音”“自然体验”“动感影像”“互动签名”等区域，以期让观众体会浓郁的乡土气息，像在“天籁之音”的区域里可以听到二十四节气的“天籁之音”。这种在乡土气息中与天地沟通的方式，对很多生活在都市里的人而言是非常陌生的生命体验。该馆的外墙是用50多万块废瓦片堆砌的，其中包括元宝砖、龙骨砖、屋脊砖等，砖龄都超过了百年。内墙则是宁波工匠采用独有的竹片模板制成的毛竹模板清水混凝土剪力墙。

和我们国家习惯说的发展理论是不一样的。我们习惯于必须发展，而且要有一定的速度。谁说这个世界是一直发展的？

殷智贤：从来没有过这种神话。

王澍：没有的，一定会出现反复。人家的反复没有出现崩溃的局面，这就算非常成功了。

殷智贤：它维持着一种稳健的状态。

王澍：对，这对中国来说是一个特别好的借鉴。而在建筑领域，中国的情况特殊之处在于一体性（整齐划一）的力量过于强大。这导致很多错误都会以一种不可思议的方式出现。尽管我们一直说，我们所有的东西都处于伟大的发展中，但实际上大家知道，问题也有。比如像现代主义，到现在为止，欧洲就没有一座全新的城市，新城市规划的理论在欧洲是彻底失败的。中国目前广泛采用的现代主义的规划方式，我们只在苏联看到过，欧洲全是以自由生长的方式做城市规划。

整个美国，也几乎没有看到一座新规划的城市，可这套东西是从他们那儿提出的，但在他们那儿没怎么用。

其他国家中少有的新规划的城市，如巴西利亚——巴西的首都，到现在为止，这座城市仍然处在贫民窟和光鲜的现代主义市中心的强烈对比的状态中，可以说这是失败的城市规划。

另外就是勒·柯布西耶设计的印度的昌迪加尔，那是用现代主义新规划的一座城市，也处在市中心英雄般的现代主义建筑和市郊的贫民窟的反差之中。它是不自然的。

全世界大规模地新规划的城市，只出现在中国，而且这个规模大到遍地开花。它对当地整个环境的摧毁像经历过台风或地震一般。我估计到现在为止没有人真正比较冷静地做过一个理论的总结：到底在这儿发生了什么。我们已经被发展绑架了，这才是严重的问题。

殷智贤：我们觉得如果不做出新的样子，好像就无所作为，甚至要失败

宁波历史博物馆。王澍在设计这个作品时采用的是新乡土主义的理念，除了建筑材料大量使用回收的旧砖瓦外，还使用了毛竹等当地元素。王澍将这幢建筑当作一座人工山体来设计，想让城市恢复关于乡土社会的记忆。

了。内在的恐惧感挺强烈的，我们对发展的速度和新旧的对比度有很强的执着。

反过来说建筑要融入当地的生活，我当时就有一个疑问：现代主义的语言为何回不到我们说的存在性的意识里面，也回不到真实的生活中。不仅在中国存在这个问题，好像全世界都存在这个问题。

殷智贤：现在具体谈谈您的设计。在普利兹克奖获得者里，您是唯一的在世界其他地方从来没有过作品的设计师，您还特意强调自己所有的作品都产生于江南。江南对中国而言不完全是地理概念，还是文化概念。“江南”在中国文化中有一种特殊语意，您坚持您所有的设计作品，只发生在这样一种文化语意中，这个选择是特意的还是无意的？

王澍：既特意也无意。

殷智贤：怎么讲？

王澍：我觉得我真正找到了建筑设计的方向是从20世纪90年代做老建筑的改造开始的。那时在杭州，我做了很多的小玩意，那时候是个年轻人，没有背景，我就一个人在社会上闯。作为建筑师，我到了体制外，就根本没有什么机会做建筑。如果说是运气的话，那我还是做成了一些。

可能当时我设计的建筑让大家觉得很先锋，例如我做的海宁青少年宫。但做之前我给自己打的问号是很大的，因为我觉得有些东西需要改变，所以我做了一个很先锋的东西表达这个愿望。但反过来说建筑要融入当地的生活，我当时就有一个疑问：现代主义的语言为何回不到我们说的存在性的意识里面，也回不到真实的生活中。不仅在中国存在这个问题，好像全世界都存在这个问题。当时我注意到著名的电影几乎没有以著名的现代建筑作为背景拍摄的。除了希区柯克拍悬疑片会用一点现代建筑。

殷智贤：好像是，在人们的经验里，那些经典的故事都发生在古典建筑里，至少在影像传达时这种视觉符号是容易唤起人们的共鸣的。

王澍：现代建筑有一个很重要的问题，就是还没有沉淀出它的回忆。

殷智贤：人们还是更接受古典建筑可以承载深厚而丰富的人生故事，虽然在现代建筑里也会发生，可能当下就会发生，但故事发生在现代建筑里就会让人觉得有些轻飘飘，不那么有深度。

王澍：除非拍科幻片、恐怖片，有可能。

殷智贤：不过现在开始慢慢发生变化。

王澍：我与别人唯一的不同是，别人拿那个东西做装修，我是坚持按建筑来做。我会在建筑里砌砖头，他们说“你这个做得太实诚了，你做的每一个东西都是做建筑的做法”。在杭州，我做了一批东西。这些经历对我影响很大，很重要的是我关于建筑的意识发生了变化。原来的意识里，现代建筑是一张白纸，可以画最新最美的图画。给你一张纸，从抽象的几条线开始画，但做建筑改造就完全不一样，一堆东西都比你先在那儿了。

殷智贤：先于你而存在。

王澍：它们比你先到。这是一个基本的意识，你必须面对它们，不能全拆了。而这些老建筑的很多地方会打动你，甚至让你感动。

第二就是你的语言必须是在对话状态中形成的。你要用新的语言跟这些东西对话。因为我从来不用贴墙纸、吊天花板这些简单的手段，我大量地使用暴露性的手法，我做的东西和原来的东西是并存的状态。用对话的方法做。在20世纪90年代初的时候，大家没见过这样的做法，觉得特别前卫，特别先锋。

殷智贤：当我们说江南的特色，其实包含很多，由环境、文化、习俗等共同组成。显然，今天的中国，很多东西都改变了，有些是我们小时候习得的，或者说作为个人审美来讲是非常有价值的东西，但在今天不见得还会被认同。

王澍：有些东西是有超越性的，有些东西是有挑战性的。

殷智贤：哪些有超越性？哪些有挑战性？哪些你只能为它送行，无法挽留？

王澍：比如说全套的木结构肯定是快不行了，中国现在的情况完全不支持。

殷智贤：是不符合建筑规范？

王澍：对，不符合消防规范，美国保留了大量的地区性的木建筑做法，规范比中国宽松。中国的规范除了古建筑保护的领域，所有新建筑领域基本上都不能做了，局部做个亭子可能还行，基本上是这样的状态。

我为什么待在江南？做出的建筑有江南味道？很重要的原因是在杭州有更安静的生活，更慢的生活。这里经常下雨，不时起雾，这些都对建筑有影响。我以前做纯白的建筑，2000年前后我还在做，后来发现有问题了：那个时候污染就有了，在江南，一起雾，灰蒙蒙的，白的建筑基本上就看不到轮廓了。在一片白光之中，拿照相机拍，边界都不清楚，当时我就在想，这怎么办？

殷智贤：历史上江南的建筑立面也是白的啊。

王澍：那个白的立面上边都有一条线是黑的。建筑立面是有勾边的。

殷智贤：您那个时候做的连勾边都没有？纯白的？

王澍：对，那是地道的现代作品。

殷智贤：就是房天一色了。

王澍：对，江南还经常没有太阳，建筑常常就"隐身"了。所以你会看到我后来的改变：建筑立面出现边界，颜色变深，黑白配合使用，设计了可以在下雨的天气里使用的半室外的檐下空间；在建筑里面做分层次的封闭设计，例如第一层封闭是不完全的封闭，新鲜的空气可以进来，第二层封闭可能才是真正的封闭；等等。这一套语言是和这个地方特殊的气候和生活方式有关的，而且这种生活方式是一脚已经迈进现代，另外一脚还存在于历史上曾经出现过的很多地方，更接近于传

中国美术学院象山校区的校舍设计保留着主体白墙和黑色勾边，以及半室外的檐下空间，这种檐下空间有江南地区建筑的特点。

统的方式。这两种东西是同时存在的。像现在很多人问“你获奖后有什么变化”，其实碰到的问题没有变化。

殷智贤：所以边界的意识出现在您的设计中，不仅有观念上的原因，也有技术上的原因。这个意识是现代意识的典型内容之一。在城市文明里，边界的确立是城市生活的基本前提，建筑用勾边来确立它的形象和领地，也是建筑使用者的基本需求。

殷智贤：谈到江南文化对您设计的影响，这时候又牵扯出另外一个问题。现在很多人强调中国特色，原本民族性和地域性一直是设计的思想和美学来源，这几年普利兹克奖的获得者大多都是将民族性、地域性发挥得特别好的设计师，但过于强调民族性或地域性，容易带来民族主义设计思维。当今天大家都在谈全球化时，您怎么看待这对于中国建筑设计的意义？

文化上的表达，会使原创性发生的概率提高很多。最害怕的就是保持简单的统一性。

王澍：在中国，我们可能并没有仔细讨论过全球化到底是什么。全球化其实可以产生两种完全不同的解读。一种是全球统一化，全球标准化。这种全球化是存在的，尤其通过互联网、大规模的产品制造，包括广告推销的模式会形成全球同质化。

还有一种所谓的全球化，是指在频繁流通的情况下，大家还能够看到整个世界其实是一个多样化的存在。这是另一种概念上的全球化，甚至很多人把这种全球化叫作地方化，英文单词叫Glocal，就是“Global+Local”，即全球地方化。

我觉得我的工作基本上是在Glocal的状态下进行的。在做地方化的同时，全世界类似的价值观下的其他实验我们都也在做。这些实验可以说是遍布全世界的，主要是比较年轻的建筑师在做，在很偏远的地方，在很多小的角落闪着一点点理想主义的火花。像2015年的威尼斯双年展基本上是一次荟萃，在那里你可以看到风向的变化，整个世界的潮流变化是以地方化为基础的全球化。

中国也是这样，我从来不认为有一种叫“中国式”的东西，其实你去看传统的中国建筑会发现，地区差异特别大。北京的东西和杭州的东西，差别太大。

殷智贤： 不用走到杭州，走到安徽已经不同了。

王澍： 即使只是在浙江省内也有很大不同。我们做乡村住宅设计时，省里领导开始给我布置的任务是能不能做出一种新的浙江风格，我直接说，我认为不存在这种（单一的）浙江风格，我们至少可以找出十几种不同的浙江风格。他们也赞同，光是浙江的地方戏曲至少也有13种。这两种东西是有关联的。老百姓特别牛，他们能清楚地知道，这几个建筑是隔壁那个县的风格，那几个建筑是自己当地的风格。他们怎么看出来的？我其实都没看出来。它们之间有很细微的差别。

后来我给自己布置了一个任务，我想花十来年时间，每年在浙江省一个小的文化区域做一个实验，十几年能够做完。

当然这事得有人配合，一个人做不了。我们在农村做的住宅设计获得了住建部颁发的全国第二批田园建筑优秀实例一等奖。评语就很清楚地指出，我们做的是新浙西建筑。没说这是“新浙派”，而是叫“新浙西”。

殷智贤： 定位更精细化了，不是那种非常粗暴的、要统领整个国家甚至世界的居住方向。

王澍： 中国在这一点上还是给人以希望，你可以看到很多人在想这件事，试图做一些改变。

殷智贤： 如果说我们要保持这种活力，恐怕还要再制造很多差异性，或者要保留很多的差异性。

浙江杭州市富阳区洞桥镇文村。这是王澍设计的第一个农居房项目。类似的项目也是他在获得普利兹克奖之后给自己定下的未来设计探索的方向。在美丽乡村建设的风潮中，各地都开展了农居改造或再建的工程，各种现代设计手段和风格迅速进入中国乡村，这对当地生活方式、审美等长期形成的地方文化的冲击至今仍然富有争议。王澍在这个项目中试图找到一些有启发性的立足点，来支撑这场探索的合理性。14幢农居24户居民，从规划到完成，历时3年。新建的农居如何不破坏原有村落的建筑形态，并满足村民对现代化生活的向往，汽车可以开进自家的院子，还能有地下室……在这场实践中，王澍和他的团队都做了全方位的研究和尝试。

王澍：我个人认为中华民族是一个不太擅长抽象思维的民族，我们讲耳听为虚，眼见为实。对于一个德国人，你只要用哲学理念就可以把他搞定了。中国人不行，必须看到才行，所以要尽可能地做一些大家看得见的实验和样板出来。这个很重要。

殷智贤：从中国历史来看，这种心理是被漫长的历史塑造出来的。为什么追求眼见为实？在中国，随着人口增长，资源一直都处于相对匮乏的状态，如果你不能“眼见”，可能真的就“不实”了，或者说没拿到某件东西之前真不敢想象它是自己的。

王澍：但这种方式也有好处：大家糊里糊涂地就让你做了实验，不跟你在抽象思维上较真。

殷智贤：中国人的一种处世之道是难得糊涂。可是德国人就会扯清楚。

王澍：不扯清楚他们不干。

殷智贤：每个民族都是被他们自己的生活方式和生存方式塑造出来的。

王澍：有一个教授问一个美国留学生，来中国读书感觉怎么样，感觉好不好。那个留学生说可好了。他说同样一件事，在中国，说干就干，但是如果放在美国，先要花很长时间讨论一个目标，然后拿出一个结论之后，还要再讨论；大半年过去了，还没有眉目，最后可能就不了了之了。而在中国，认准了一件事，说做就做了。

殷智贤：中国现在是这样。不能说美国的体制就是错的，它的体制也有它的合理性，问题就在于两国之间的这种差异，对我们的生活到底意味着什么？我们要承担的风险和获得的收益是不是我们愿意接受的？

一个民族形成了自己的生活方式后，他们怎么审批你的设计方案跟他们的价值排序有关。如果他们的价值排序是这样的，他们可能认为你这个设计不错，而另外一个民族的价值排序是那样的，他们可能就认为你的设计不行。这种好与不好的甄别是受一个民族长期形成的具体而细微的生活方式影响的。在这种生活方式面前，一方面有民族主义的倾向，另一方面是对传统文化持彻底的否定态度，认为这套东西不适应现代社会了。

在我的观察里，这两种倾向背后都包含着非常强烈的不安全感。因为如果一个人没有出处的话，就很难完成对自己身份的确认。所以会先形成一套传统——确认一个可被继承的对象，基于这套东西，一般人可以确立对自我的某些认知。而那些对传统持否定态度的人，可能有更深的不安全感。因为中国过去一百多年的积贫积弱，和欧美的强大形成了鲜明的对比，在这样一个现实面前，中国人对传统文化的自信还面临很大的挑战。

王澍：实际上我们现在存在的最大的问题在于，每一座城市都以一种次要的方式建立一套传统，乡村可能更多一些。但这些东西其实是没有主体性的，被现代社会的整套强势的语言挤到了边缘，甚至常常被定性为违章、非法。我们做建筑也一样，在现代建筑里，如果用传统建筑的做法，基本上都是违章、违法的。因为传统的做法不符合现在新的技术标准和规范。比如传统的木结构建筑，根本不符合现代建筑的计算规范。通过计算，其实结构都没有问题，但是无法通过现在的结构计算书的审查。整个教育理念，没有任何关于木结构的理论体系。

按照传统的做法，就像营造法式，过去你只要按照那个做，不需要经过审查。我们现在是这样的，无论怎么设计都要通过一个规范性的审查，这个审查还包括计算书，只有计算书通过了你才能施工。可是中国的木结构建筑没有办法量化成现行的计算书的标准，所以无法通过审查，这套传承了上千年的营造法式，在今天落不了地了。

为什么我说多样性、差异性特别重要？因为这种文化上的表达，会使原创性发生的概率提高很多。最害怕的就是保持简单的统一性。

王澍：现代主义比较可怕的是它跟商业结合在一起之后，形成了一种巨大体量的国际化的东西，这时候就变得可怕了。其实很多小的现代主义的实验都非常有意思，人文气息也很浓，有很多有意思的想法，但是一旦膨胀到购物广场、办公楼这种大建筑的时候，就变得非常可怕。

殷智贤：我前两天去澳门，澳门那些带赌场的酒店建得非常奢华。我注意到一件很有意思的事：能够象征奢华的语言的，其实全部来自古典建筑。这里面顶级的酒店，无论是巴黎人酒店、威尼斯人酒店或永利皇宫酒店，它们的外观和内部装饰，象征奢华的语言都是来自古典建筑。

王澍：博彩业的层次是不太高的。这个也很正常。也有很高级的现代建筑的表达方式，比较低调，但是奢华，比如钢结构外面用铜包铸，密斯·凡·德·罗（Ludwig Mies van der Rohe）设计的高层建筑——纽约西格拉姆大厦，造型非常简约，外面玻璃墙的所有构件都是用铜做的，这个建筑看着特别简单，等你看明白会想：这要花多少钱啊？！

殷智贤：澳门赌场酒店的样式带给我的启发是，人类对不同价值的认知是有一个路径的。博彩业面向的消费人群并不追求密斯·凡·德·罗所表达的“高大上”的东西，商家提供了这种样式，消费者会直接认知成“奢华”。

王澍：对，全世界有普适性。

殷智贤：我想说的就是这个，迄今为止现代主义针对人类的认知经验，或者说认知习惯，做的所有设计实践，还没有全面覆盖人的各种需求。

王澍：是。现代建筑本身在变化。我们对现代建筑的了解是不够的。

中国人面对外面来的东西的时候，更多是把它们作为样式或形式，与对国内东西的接纳度是不一样的。像你说的澳门的建筑，去拉斯维加斯也可以看到。

殷智贤：它们有共通的地方。之所以会选择共同的符号系统，就是因为在人类的认知经验或认知习惯中，这类东西被统一称为奢华。

王澍：奢华中还有点放纵。

> **真正的危险是这个社会的消费能力实在太强大了！你很快会发现，这些东西有可能会变成下一季流行的东西，会迅速地对你的设计进行消费，建筑师那么辛苦地工作，很少有几个人能抵挡这样的诱惑。**

殷智贤：对，纸醉金迷，让你在其中消费或者消遣时，心理底线特别低。这背后经过心理学研究。

现代设计在针对人类各种价值选择方面，所提供的这些作品也好，产品也好，似乎还没有像古典建筑一样，已经全面完成了对各种价值的实现。

王澍：这个我估计有点难。

殷智贤：为什么？

王澍：古典建筑那样的价值的实现是需要经历长时间的稳定社会的沉淀。

殷智贤：社会发展不能有太大波动？

王澍：是。

殷智贤：这是现代主义面临的挑战。这个挑战在今天的中国尤其剧烈。

王澍：是。

殷智贤：如果没有一个相对稳定的社会形态来让你慢慢发展出一种成熟的设计语言，这时候怎么办？您坚守在江南，一做就是20多年，事实上您是以安守一个区域的方式，来换取一种相对的稳定。但是对于大量的从业人员来讲，他们可能不这么去取舍。而当下发生着这么大的社会变化，使他们很难沉淀出一种成熟、完善的设计语言，因此也就不可能在很多价值实现上用作品发声。那么出成熟的东西、出好东西岂不是很难？

王澍：我觉得这其实要坚持。我还是相信社会始终会有这样的需要，即使不多，也还会有甲方找我，不然我就没事干了。一方面按照全世界通用的标准坚持，因为建筑总归有质量、成熟度等的标准；另一方面还不是简单地遵循这样的通用标准，因为你是在不同的价值观和哲学的背景下来实践的，你要自己把这个标准给制订出来。在我这儿，它是我的特点。你如果仔细看的话，会了解这个建筑标准很高。

当然，如果你要和社会的主流相比，这还是少数，但这还不是真正的危险，真正的危险是这个社会的消费能力实在太强大了！你很快会发现，这些东西有可能会变成下一季流行的东西，会迅速地对你的设计进行消费，我们建筑师那么辛苦地工作，很少有几个人能抵挡这样的诱惑。

殷智贤：而且，“被消费”被定义为成功，它不仅仅是钱的增加，还有名声的诱惑。所以，对于奔向现代化道路上的中国人来说，我们今天如何理解现代性，就会用相应的价值观、审美和手段建造我们的家园。

百年前，梁漱溟先生的父亲梁济先生在临终前给予子女的教导是：身为中国的知识分子，对这片土地是有责任的。谁应该让它变好？难道，那个人不是你吗？

不是真善美的景观没有再生能力

自从工业化作为人类征服自然的重要方式被开启后，人与自然的关系变得前所未有的紧张。人类关心自己的生存与发展无可厚非，从大自然那里获取资源本也顺理成章，但这一番相处下来，人的意志越来越强势，人与自然的疏离甚至演变成了人与自然的对抗，这似乎既违背了自然界的基本规律，也违背了人对生存环境有所依赖的基本事实。于是，我们要如何定义人与自然的关系，成为被自然以灾害频频“教训”的现代人必须怀着谦逊之心重新思考的问题。

是亲近还是疏远？是随顺还是再造？是让自然万物保持它本来的样子还是通过人为控制使其符合我们的需要？消耗多少能源是合适的？景观是一个自然形成的过程还是人为干预的结果？一处景观的寿命由什么来决定？为了一个“长寿”的景观，我们要牺牲多少现实利益？为了保证现实利益，我们又要牺牲什么样的景观资源？

一切都好象有很多的两难，然而这就是真实的生活！只是在选择时，我们对于得失的考量有什么样的远虑决定了选择的后果会让我们有什么样的近忧，而当我们基于某种利益、格局和见识的视野做出某个选择后，现实很快让我们知道被忽视掉的那些东西并非无足轻重，例如可持续发展的机会、环境自修复能力、历史和现实兼容的方式等。

水泥河道、柏油路面阻止了地表水与地下水的正常循环；修剪整齐的花园和草坪让原本千姿百态的生物都长成了一种形态；不得不投入大量人力财力才能维护的景观，不仅没有让社区居民获得享受，反而成为一种财务负担或者行动禁区；承载着人们的集体记忆、儿时情感和地方文化的景观的消失，使身处社会转型中的人们失去了地理和心理上的故乡……

今天的中国，设计的修养在景观领域不仅是审美的问题，更是生存的问题。我们所居住的环境不是只为我们这一代人享有，传续一种什么质量的景观是我们对自己的观照，也是我们对子孙的交代。将人的意志凌驾于自然之上的自信固然是人本主义的胜利，但却可能让我们在生存质量上失去未来，我们需要谨慎地做出价值排序。

俞孔坚恐怕是中国最有争议的景观设计者了，这些争议的背后是这个时代对于景观之于我们人类生存意义的不同态度、不同判断和不同选择，还有太多的问题没能达成基本的共识，不同阶层的人对于景观的存在意义有不同的价值排序——解决了温饱的人希望强调景观的观赏性，但对于仍然焦虑于生存的人，景观的生产性则是其核心价值所在。生活在同一片土地上，景观设计的价值排序究竟应该以谁的利益为重？但愿这些争议所触及的问题不需要我们持续付出高昂的代价。

景观设计的对象就是这样一个人与自然的综合体，有自然的本来面目，也有人的活动叠加其上。

殷智贤：人类进入工业文明以来，我们的生活方式和自然之间产生了某种冲突，而您的工作内容主要就是在处理彼此之间的关系，您觉得我们应该怎么理解景观设计？有哪些思考维度是我们应该重视的？

俞孔坚：景观设计的英文是“Landscape architecture”，Landscape很难对应中文的某一个词，在中文中最贴切的表达应该是“山水”、“田园”或“风景”，但都不能一一对应，所以在现代我们用了“景观”来对译。在中国文化中，景观意识，或懂得对山水、田园和风景的欣赏，最早可追溯到东晋的绘画和诗歌。在西方，它最早源自欧洲的风景画，画里所呈现的景观就是一个很宽泛的概念，指的是你看到的环境。实际上景观包括自然、田园、城市、乡镇，是人类活动与自然的一个综合体。景观设计的对象就是人与自然的综合体，有自然的本来面目，也有人的活动叠加其上。

殷智贤：这样说来，“Landscape”是人和自然互动后的一个结果，它不需要变成主宰和服从之间的关系，而更多的是一个互通或者互动的关系。如果是这样的一个身份对应的话，在Landscape的最终设计里面，人的主体性有多重要？

俞孔坚：总体上来说，整个地球上的Landscape都打上了人类活动的印迹。根据人类对自然影响的程度，景观主要可分为四种：第一种是第一自然，包括自然荒原、山林、沙漠、大海等看上去少有人工干预的景观，但绝不意味着它们是纯自然的，因为人类给它们的命名、描绘、再现等都已经将自然“文化了”，更何况人类的足迹和由于化学和物理的干扰带来全球性的气候变化，早已将自然置于人类的影响之下；第二种是第二自然，像农田、林场等，是人类管理的景观，或者是人高强度干预的景观；第三种是Garden，即花园，包括中国古代的园林、

中山岐江公园。这是在中山造船厂旧址上改造的一个公园。本来这里的一切要被清理，但俞孔坚说服了地方人员接受了他的改造方案。原有的钢结构厂房被保留了下来，形成新的地标，并成为具有洗手间、公共休息区功能的空间。原来工业园区里的两座灯塔经过改造成为装置艺术品。公园内纵横交错的步行道连接公园和城市广场，形成了人在自然和城市之间的缓冲地带。公园内新开挖一条内河，以使原本会被砍伐的古榕树得以有新的存活理由和条件。园内大量使用当地公众熟悉的植物，例如芦苇、睡莲、菖蒲、花叶芋、竹子等。岐江公园诞生之际正值中国装饰性景观设计流行，各种造型夸张、造价高昂、维护成本很高的景观设计一时遍地开花，岐江公园的设计则反其道而行。同时它也是中国工业遗产保护和利用的先例。2001 年完成。

迁安三里河绿道。由于地下水的过度开发，这条已经干涸的河流成为周边工厂和居民倾倒垃圾和排放污水的地方。改造时，项目设计考虑到滦河水量随季节变化而有所不同，作为支流的三里河河道被设计成了串珠状，从而形成了不同大小的水塘和湿地，可随水量的季节性变化自动调节。河道沿岸栽种了低维护成本的乡土植被，从金鸡菊到芦苇，不仅带来水草丰茂的景观，也有助于湿地的土质和水质改善。河道两边还设有步行道和自行车道，间有观景台、栈桥和小广场，给沿岸的居民提供了一个休闲去处。通过景观设计将人与自然有机结合，并且尽量减少维护成本，让自然按照自己的方式恢复生机是俞孔坚和他的土人景观设计中心一直秉持的原则。2010年完成。

城市的公园绿地，是指人类所营造的能完全控制的景观，或者不是真实的自然。这三种不同的景观呈现出人与自然不同程度的关系。有人说还有第四类景观，即后工业景观，是城市飞地上再生的自然。所以景观在这个意义上被称为第一自然、第二自然、第三自然和第四自然的综合体。简单地说，第一自然是原野和山林，第二自然是农业，第三自然是城市中的花园，第四自然是后工业时代的自然恢复。

殷智贤：所以您要用“控制”这个词，来强调人类的渗透是非常强的。在您理解的景观设计里，人类的这种控制要怎么体现和把握？因为控制多了，我们看到其实是有危害的，对于人类的生存环境破坏力非常大，可是人类又很想渗透自己的意志，让自然的一些资源为我所用。

俞孔坚：这就涉及对景观现在存在的问题的认识，实际上人与自然谈不上和谐，和谐是我们设计的目标。在我的认识中，我们现在实际上已经破坏了自然的系统，在中国，过去三四十年快速的城镇化，借助工业技术，尤其工业合成物、工业机械等这套工业文明，产生了非常大的破坏自然的力量。所以在中国，自然系统很大程度上已经被损害了：水系统被破坏了，土壤污染，物种消失，连空气都已经超出了自身的净化能力的范围，最后影响到人类整体的生存环境。如今连我们自己能够控制的庭院，或者能够高度控制的城市本身，都已经没办法让人满足了，尤其像刚才讲的自然已经开始报复了，从水、空气和土壤这些人类生存所需要的基本元素，已经在对人类的所有破坏行为进行报复，因为我们把这个自然系统破坏了。

工业革命以后，人的干预、控制力或者对自然系统的破坏力已经超出了自然所能够承载的范围，这时候自然的服务能力迅速下降。这个新的概念是把自然或景观理解为一个能够给人类提供服务的生态系统。这个系统包括的第一种能力就是供给或产出，供给人类使用的各种产品，比如水、空气和粮食。

第二种能力就是自然的自我调节能力，比如说旱涝调节、温度调节、污染物自我降解。这是自然系统本身有的，但是因为人类的干扰，这个能力超过它的上限了，所以在不少区域已经失去了这种能力。

第三种对自然的服务能力就是能够承载生命的能力，比如需要蜜蜂授粉，苹果、桃子、玉米等才能结果。在过去几十年里，实际上我们把蜜蜂“杀死”了，尤其在西方这种现象很明显，欧洲的蜜蜂已经濒临灭绝了，所以当地的农业就减产了。还有长江里的鱼，像白鳍豚已经消失了，为什么消失了？就是因为我们破坏了水生态系统，原来长江里头的江豚可以一直游到西藏。

殷智贤：对，它们洄游，然后会产卵，再下来，但现在回不去了。

俞孔坚：为什么？因为我们对自然的这种控制能力、破坏能力太强了，以至于使自然丧失了自我调节的能力。没有了承载生命的能力，生物物种每天都在消失，过去20年里，中国50%的湿地消失了。在我的记忆中，50年的时间里，我看到了我家乡的河流消失了，湿地消失了，村头的林子消失了。

还有，就是景观的精神和审美启智的服务能力消失了，我们看到很多的景观已经不美了，已经没有了内在的精神和令人怀恋的含义了，虚假而空洞。

殷智贤：它无法调动你深层的很多美好的情怀。而人一旦没有了情怀，就会变得非常粗鲁。

俞孔坚：没错，自然美实际上非常重要。没有这样的美，就没有创造力。

殷智贤：对自然没有情感，人不会懂得珍惜，觉得都不值什么钱，毁了就毁了。

俞孔坚：说到景观的精神力量、精神寄托，还有很多形式，比如说在少数民族聚居区还有类似“风水树”“风水石”这样的景观元素。一棵树，一块石头，影响着村落的选址，催生了风水的环境，在山野上都有

“风水林”“风水桥”“风水树”祠堂、水塘，这些都是有含义的，都在营造一个精神的环境，能够寄托情志。

殷智贤：有很多生命故事在这些地方发生过。

俞孔坚：在中国传统里，自然如同宗教，是精神寄托。中国人相信万物有灵，水有水神，森林有林神，石头有石神。所以景观消失后，它的精神审美启智能力和它所唤起的认同感、归属感也会随之消失。我印象很深刻的就是我小时候家乡村口的几棵大樟树，小时候放羊放牛都要路过那里，晚上老人在那里讲故事，讲白蛇精的故事，现在这些树被砍掉了，一些认同感和归属感也没有了。

殷智贤：故事的发生场景消失了，人们就不容易从中找到有共情的体验，其实丧失一个故事，人们会丧失一个情感的出口。这个损失特别大。

俞孔坚：因为内心空洞了，当下这一代年轻人不像我们那时候充满了故事。“风水林”里头有很多故事，人与人之间、村和村之间祖先怎么械斗，又怎么交好，这些都是故事，当时都留下来了，以一片林子、一片坟墓为载体，现在连坟墓都给挖掉了。后代人因此失去了与祖先对话的场所，因此不知道自己从何而来，也就失去了对家族、对家乡的认同感和归属感。个体一旦失去了其在茫茫天地中的定位（场所感）、失去其与祖先和族群的社会关系，人也将迷茫，如游荡于天地和社会中的孤魂，天地人的关系就丧失了。

殷智贤：您谈到了天地人的和谐，到底什么叫和谐？人类现在表现得非常自我，如果自己的意志得到了满足，就认为是和谐的，如果自己的意志没有得到满足，需要迁就自然，那他们就不乐意！

俞孔坚：所以我说的和谐并不是说古代的天人合一，而是人跟自然的一种平衡，而不是迁就自然。这就给设计师带来了挑战——怎么样在尊重自然的前提下又能够满足人们的需要。

和谐就是人跟自然的一种平衡，而不是迁就自然。这就给设计师带来了挑战——怎么样在尊重自然的前提下又能够满足人们的需要。

殷智贤：尤其像今天人口密度这么大，在很有限的土地上要满足各种人的不同需要，面临的挑战比以前更大。

俞孔坚：对，这也是设计要具有的力量。我称之为“最少设计”，即最小的干预。

过去几十年我们觉得人可以填湖，可以造堤坝，水泥够坚固。那时候实际上我们滥用了我们的能力，滥用了工业文明。

现在超过一半的人已经住在城里了，如何合理布局，处理好城市、农田、水和生态的关系，这就是国土空间规划，就是景观规划。

人可以满足自己的欲望，但是不能浪费资源。就像甘地说的，上苍可以满足所有你需要的东西，但不能满足你无度的贪婪。所以我们滥用了工业技术，没有做好规划、设计，造成了人与自然的不和谐。并不是因为我们人口多，也并不是因为我们的欲望得不到满足，而是我们把自然能够满足我们欲望的能力降低了，就像杀鸡取卵一样。

殷智贤：既然称为景观设计，无论是东方还是西方，都一定会有一个共同的追求，就是要创造美，但今天到底什么叫创造美？我们看到在解决了基本生存问题之后，当下中国的一些设计变得好大喜功，甚至穷奢极欲，在其他国家建造预算通不过的设计在中国能够落地，这类现象在景观设计领域也是存在的。

这种耗资巨大、极尽奢华之能事、恢宏壮阔的景观设计，会对我们的社会产生什么样的影响？

俞孔坚：我一回国就开始批判这个，当时我有一本书叫《城市景观之路：与市长们交流》。首先我批判了包括大连在内的“城市化妆运动”，认为它开启了中国改革开放以后的城市形象工程：大广场、大景观、华

秦皇岛汤河公园的项目。2006年，这处占地20公顷的公园原本是垃圾成堆、人迹罕至的河道。改造后，原有的植被被最大限度地保留，辅以沼泽草类、阔叶草类和其他河岸树种。公园内设计了三条线性道路，“红飘带”指位于沿河的木栈道和公园侧边铺装道路之间的游步道。这条“红飘带”蜿蜒于绿树与草丛中，有一些供游人休憩玩耍的设施安置其中，红色是深具象征意义的新中国特有的颜色，玻璃钢的材质也呼应了工业文明的审美，蜿蜒的造型引导游人前往看不到尽头的空间去探索。威廉·S. 桑德斯评价这个设计灵感更多来自中国书法飘逸的线条，而非弗兰克·盖里的标志性符号。但在后续的使用中，植被遭到了人群的严重踩踏，土壤因而板结，草地也因为行人随意穿越而踩出了新的小路，地方机构人员在草地上种了树，并安置了一些假石头来摆放扬声器，这些变化也使公园的景观发生了俞孔坚不希望发生的改变。

灯、喷泉、雕塑。

这反映了三个方面的价值观和审美的问题：一个是暴发户意识——以金钱为美；一个是缺乏制约的权力意识——展示权力；还有一个是小农意识——崇洋媚外。暴发户意识、权力意识，再加上小农意识，这三种价值观构成了中国这个时期的审美取向。

近代历史上每个经济发达的国家在发展过程中都有过这个阶段，这些国家都以景观展现自己的财富和权力，而这背后体现的是一种庸俗的价值观和审美:“炫富”，没有文化的张扬，向往金钱，向往权力。比如美国在1893年也办过世博会，美国当时进行城市美化运动，其首次举办世博会是在芝加哥，当时会场的设计就是以古罗马风格作为典型造型，白色的建筑，罗马柱，汉白玉。我们知道古罗马实际上是一个靠掠夺发家的，征服了哪里，就从哪里带回战利品，回去后在罗马建一座凯旋门，耀武扬威一番，然后尽情挥霍，直到走向灭亡。所以古罗马的建筑形式实际上代表着一种无度的挥霍和欲望。中国改革开放后刚富起来的时候，很多城市建设也是以罗马柱为典型符号。

殷智贤：盖公寓都用罗马柱，层高即便只有2.5米，也会立罗马柱。“luxury”，今天我们翻译成奢侈，其实在拉丁语的词根里面它的含义就是淫荡。

俞孔坚：没错。当然中国也有代表性景观。大连广场上摆的那些图腾柱就是一种权力欲望下的美学体现。应该说每一个时代的文化里，从古罗马到法国路易十四，在权力意识形态下都会催生出这种穷奢极欲的美学。任何一种权力，任何一个暴发户，可能都有一段时间是很膨胀的。

殷智贤：美国的城市美化运动结束之后，就开始进入了一个相对来讲比较理性的城市规划的阶段，我们今天看到的美国不是以前那样了，实际上和它的反思是有关系的。在中国古代，我们不得不承认，中轴线这类的城市规划，可以缔造帝王般的权威感，让普通百姓臣服，有这种威慑力。大唐王朝不是这样吗？当时的长安就是一个典型。明清两代的北京也是这样。

俞孔坚： 对。从历史上看，城市美化运动实际上是一个帝国走向灭亡的征兆。但是在一个民主国家这是可以停下来的，它可以被批判，全社会会反省。而在一个权力社会，如果权力跟某种庸俗的价值观捆绑在一起，就会变得非常恐怖，这是我们要格外警惕的。

殷智贤： 如果要谈现代性，就不得不谈平等的问题，可是一旦谈平等的问题，遭遇的现实挑战就是“请你为我设计这个，是为了让我显得高人一等”，这样的需求你满足还是不满足？

俞孔坚： 在我这儿，我肯定是不满足，我曾经拒绝过好多这样的设计，因为它们和我的价值观有冲突。

时代是进步的。但是你是跟着时代走，还是你走在时代前面，这是一个设计师的价值取向问题。我认为我们要走在前面，定义某种价值，并且积极地去引导。我把设计作为一种生存的艺术，而不是装饰的艺术。设计一定是解决人类的生存问题的。为什么中国的田园是美的？为什么中国的农业景观是美的？因为它是一种生存的艺术，是有意义的，有用的，满足真正的基本需要，而不是无度的挥霍。

我的价值观就是真善美，我认为真善美这三个方面构成了景观的美。景观的美必须是真的，就是要满足真实的本质、自然的本质。

中国文化里存在两种桃花源，一种是陶渊明的真实的桃花源，武陵源，阡陌纵横，有鱼塘桑竹之属，夜不闭户，而且是一个和谐社会。

殷智贤： 人和自然没有对抗，没有谁主宰谁的说法。

俞孔坚： 另一个就是虚假的桃花源，比如圆明园。圆明园是仿桃花源建的，但原来的大美湿地和农田没了，改种花了，池塘里养的都是畸形的金鱼，连种的桃花也是不结果的桃花，这就是畸形的艺术。圆明园天津桥园。这是一片经过景观设计后人造的湿地。设计将原来堆放在这里的垃圾堆成小山，鱼塘被扩展为人工湿地，不同区域根据水质和土壤的不同种植了不同的植物。随着时间的推移，自然显示出了其伟大的修复能力，不同植物的生长渐渐形成了不同形状的生态空间。漫步其中，人们可以欣赏到多姿多彩的湿地景观。充分挖掘和信任自然的再生能力，是俞孔坚和他的团队在做景观设计时用较低的投入却获得较好的回报的原因之一。不过对于这种生长前景的预判和后续的应机调整仍是俞孔坚和他的团队持续关注的课题。因为当刺槐开始从原路交叉处向周边扩散，侵入草地中时，要不要对此扩散趋势加以控制，就是要做的另一个抉择了。

里养的这些东西，都是不事生产的，以不事生产为美。文明走向灭亡都体现为追求这种畸形的价值观。

确立了这种审美取向可怕的地方在哪儿呢？就是决策者会花一笔巨大的财富去实现这种观念！比如说景观，畸形的审美观会引导整个社会去营造这种虚假的景观。比如说原来的桃花源很美，里头放牛养羊，有鱼有稻田，但桃花源被发现的时候，我们畸形的价值观就开始发挥作用了——把原来的桃树砍掉种碧桃，可这种碧桃是不结果的；原来里头养的鱼是草鱼，在畸形价值观的引导下，草鱼不养了，改养金鱼了；最后田里不种稻子了，种牡丹花……当这种价值观泛滥，成为主流价值观的时候，就带来了灾难，这个国家将走向不事生产，不顾健康，追求虚假的美。

你设计的东西是不是对别人有好处，是不是对自然有好处，是不是对周边的环境生物也有好处，如果是，这就是善。

殷智贤：事实上，人有什么样的价值观，决定了他会如何认识自己。比如说他有没有尊严，要不要履行责任的问题，没有正确价值观的人是没有尊严的，也是不负责任的。

俞孔坚：没错，所以这样的人敢挥霍，挥霍一片湿地去造一个广场，代价太大了！但他的价值观使他不对现在和未来负责。

殷智贤：经过了上千万年的时间形成的湿地就因为某种扭曲的价值观而被毁灭。

俞孔坚：这就是一种不善，当然也不真。我的价值观就是要让任何一种景观都呈现真善美。怎么样做到善？节约是善，因为借用大自然本有的景观不花一分钱，节省人力物力。惜物是一种善，这种善体现在人和人之间，对别人有好处，也体现在人与自然之间，对自然也有好处。这是一个标准。你设计的东西是不是对别人有好处，是

秦皇岛海岸带生态修复。2008年改造完成。项目利用一处旧的防波堤，做成了水鸟的栖息地。同时一条步道也使游客可以经由此地抵达海滨，创造了人鸟和谐共处的生态景观。漫步其中，生机勃勃的鸟类和其他动物提醒人们对万物常存敬惜之心，人类才可能有一个可持续发展的生存空间。这个和红飘带公园的设计理念一样，同属吉尔斯·克莱门特“运动中的花园”，即设计师开辟园中道路，其他交给荒野完成。不过俞孔坚也没有将这里做得像克莱门特那么极端，他仍然保留了供人类通过景观来确认自己身份的途径，比如步道使用了工业化特质的钢材。

不是对自然有好处，是不是对周边的环境生物也有好处，如果是，这就是善。

殷智贤：这个“好处”有一个很关键的点，是眼前的好处，还是长远的好处？这个怎么判断？

俞孔坚：必须是长远的好处。可持续的概念就是既要满足当代人又要满足后代。如果只考虑当代人，后代就会贫穷。如果只满足后代，当代人也不愿意。

所以这种设计必须考虑未来，为什么古代的农民的设计是善的？第一，农民会考虑后代，所以他们选址，他们建的村庄几乎不占用耕地，留一分田给祖孙，为后代节约，所以非常善。为什么农民对自然也是善的？他们满足自己的需要，但自己不需要的东西从不去浪费。比如农民建的水坝，从来不会建一个高坝，建高坝后，鱼就过不去了，这样自己也没有鱼吃了。所以他们只建矮坝，像灵渠、都江堰，都是矮的，既灌溉了田地，又得到了自然的利益，就够了。这就是善，没有侵害性。五千年来，长江的鱼还是照样在繁衍。所以我们主要用这两点来评价所有的景观——是真的还是善的。我这里的“美”是狭义的概念，因为真善美加起来是一个大的概念，狭义的美在视觉上是漂亮的，或者是一个比较狭义的艺术的评价。美当然因人而异，但只要是真和善这两个确定了，大美就自然生成了。

殷智贤：有很多设计师很怕自己没有设计，总是想怎么能体现出自己的设计的价值，我把这种心理称为“设计的恐惧”。

俞孔坚：能不能成为一个高水平的设计师，关键就在这儿。一般刚毕业的学生或者充满激情的做设计的新人，他们什么都要设计，于是产生过度设计。

殷智贤：问题是他们有时候没觉得自己过度，他们觉得总得做点什么吧，而不敢什么都不做。

俞孔坚：密斯·凡·德·罗说“少即是多”，确实如此。我造了一个新名词叫“生态的最少设计”。我的设计是做最少的生态干预。

首先，自然本身是很美的，人的作用就是把自己的需要加进去，还有做一个框，让自然显现出它的美。一方面是人的需要，比如说一条步道，一个坐凳，这都是人的需要，不可避免。更重要的是另一方面，从美学角度看，是给自然做一个框，让自然能够被欣赏和识别。

在设计景观系统时，我觉得要向农民多学习，因为农民知道如何不过分地花钱，最懂得节约，他们一般不会做无用的东西，他们种的树一定是结果子的，得有产出。农民做的田埂，一般不会太宽，宽了就浪费了，但也不会太窄，不至于一个人走不过去。所以农民的尺度或比例是最恰当的，是能跟自然保持和谐的。珠江三角洲为什么有桑基鱼塘？因为那里原来都是沼泽地，没法种东西，通过填土，造就了桑基鱼塘——塘里养鱼，基上种桑和香蕉。怎么挖呢？一定是就地挖，挖出来的就地填起来，当地人绝不会把土运到别的地方去。

殷智贤：也不会从别的地方运土过来。

俞孔坚：对。

殷智贤：因为这样最省人工和物料。

俞孔坚：但是我们现在造的东西，都是从别的地方搬运过来，或者将某个地方的东西搬到别的地方去。

殷智贤：这也会增加其他地区的负担。

俞孔坚：没错，我们说向农民学习就是学习这些。以最简单的设计、最低的投入来满足自然生长。所以生态和经济是一回事，你想满足经济要求，实际上在很大程度上要先满足生态要求。

殷智贤：今天中国在经济高速发展过程中，对生态环境造成了破坏，但是被修复的可能性有多大？

以最简单的设计、最低的投入来满足自然生长。所以生态和经济是一回事，你想满足经济要求，实际上在很大程度上要先满足生态要求。

俞孔坚：如果有决心，给自然空间，方法得当，被修复的可能性其实是很大的。当然不能完全恢复到原来的样子，但是至少可以得到一定程度上的修复。

殷智贤：可以被修复的机会在哪儿？

俞孔坚：第一就是中国的城镇化，中国正处于五千年来从未有过的一个人口大迁徙的时代，这时候通过合理的规划，我们有机会再造秀美山川。

中国还有3亿到5亿的人口要进城，这些人搬到什么地方去？

殷智贤：您是想说他们让出来的土地有可能恢复？

俞孔坚：我们能不能把河漫滩先让出来，而不是在河漫滩上去集中再建城市。开垦的土地撂荒几年后，就可以恢复。所以修复的机会是有的，但是要给土地空间，我们要有合理的策略，不要滥用我们的技术。

我希望能大力倡导一种价值观——有利生态的、节约的、真善美的价值观。

殷智贤：当自然要恢复自己健康的时候，人类是可以被忽略的——自然才不在乎你呢！

俞孔坚：所以最终是关于人自身的生存问题。

殷智贤：您刚才谈到自然的调节能力、服务能力，其实按照中国道家思想来讲，在自然对自身完成修复的过程中，人类是起不了什么作用的。人类最好不要自以为是，顺应自然反而是一种有益的态度和方式。

俞孔坚：那不对，我觉得得让自然“做功”，但人可以开启这个过程。比如说至少我这个桥园是让自然“做功”的，但播种要人工去做，而对于种什么东西，让自然去繁衍。此外，人在这里的作用就是要做一个框，让自然显现出它的美来。

殷智贤：人类在自然这里犯的错如果自己不主动改正，自然会用它的方式告诉人类错在哪里。听您讲到现在，我理解景观设计是一项人类在理解自然的本性后让自然更好地滋养人类的工作。不过我也知道，在这个领域，一直都存在着不同的设计理念和手段，区别来自对人类和自然的关系的不同认识。在人解除了和神的关系，不再对自然怀有宗教般的情怀后，所生出的价值评判，是之前将自然奉若神明的时期不曾有的态度。

多元化的文化态度要求我们对不同的价值观采取包容的态度，但我不认为接纳某些价值取向会给人类带来更多的福祉，相反，我认为那些激进的观念和做法一旦“成功”，可能会误导我们，让我们以为景观是人主观的产物，景观设计是人操控自然的能力。而这将使征服替代爱，使人与自然的关系无法真正修复。

伟大的品牌和好设计是共生的关系

视力正常的人，接收的大部分信息都来自视觉，所以平面设计(GRAPHIC DESIGN)又称视觉传达设计，“科普中国”给出的解释是：以视觉作为沟通和表现的方式，通过多种方式和结合符号、图片和文字，做出用来传达想法或讯息的视觉表现。

作为一种视觉表现，视觉传达设计覆盖的领域极其广泛，在当今大都市里，我们没有人可以避开这些设计对我们日常生活的渗透，大到城市里林林总总的广告，小到一块糖的包装纸，我们几乎每时每刻都在被无数的信息“轰炸”，而这里面有多少信息是对我们有用的或有益的呢？

商业利益驱使人们向公共空间里投放信息变得越来越不加节制，互联网技术又为这种投放创造了巨大的便利，同时也制造了巨大的焦虑，设计在其中究竟是帮凶还是助手，与甲方和设计师的良知有关，也和公众的判断能力有关。追逐粗鄙的、富有情绪煽动力的信息助长了一批极富侵略性的设计流行于世，而那些能唤起人内心喜悦、温暖、爱甚至崇高之情的设计也在与前者争夺着人们的心灵阵地。

设计在某种程度上有再造世界的神力，同样的元素，放在不同设计师的手里，会打造出截然不同的意象，而我们所处的世界又何尝不是一个意象组合的综合体？！

我们能接触到什么样的设计是由整个社会的氛围决定的，但我们决定接受什么样的设计却可以有自己的判断力。那些很好地照顾感官接受的局限性，以温和友好的方式抵达人心的设计会让我们觉得生存的世界是富有善意的、充满关怀的；而那些节约物料、节约阅读时间、节约发布空间的设计则体现了对环境和他人深切的敬意；那些优雅的设计则让人的情绪指向光明、喜悦、轻快，化解了生活原先的晦暗、痛苦或沉重，这些不失为以美去爱人的慈悲工作。

一个社会整体的设计修养是体现在对日常生活每一处的关怀上。视觉传达设计很多时候要服从于商业目的或政治目的，但首先应该对这个社会的每一个公民给予呵护和有诚意。设计有它独特的影响力，尤其在今天，这种影响力随着传播途径的丰富而不断扩大，设计能做到其他手段做不到的一些事情，唯其如此，我们对出现在公共环境里的设计才需要格外慎重。

韩家英在其长达30年的设计实践中一直尽力贡献着友善并有格调的作品，这是他理解的设计应该在公众面前出现的正确姿态，也是他试图帮助客户履行企业社会责任的表现。他清醒地意识到设计师不是救世主，但设计却可以成就伟大。

我们做视觉设计，更多的是考虑给人一种非常有用的感受，但大部分企业觉得没必要在这个方面下那么大功夫。有的甚至觉得做得越低级卖得越好。

殷智贤：您觉得一个成熟的商业设计应该具备什么样的特点？

韩家英：大家喜欢在设计前面冠上“商业”这个词，而中国的传统又是比较轻商的，说到商业，就会先把你放在唯利是图的层面上来看你的表达，我认为这是中国设计或者说中国的商业设计不能够健康发展的原因之一。

我认为中国过去30年，从市场化的角度讲应该是上了一个台阶了，但是现在大环境还是很乱，很多消费者买东西的时候分不出好坏。我觉得这是一个特别严重的问题。一个好的设计应该是卖得好的，让更多人喜欢。当然你也可以说你这个东西只让10个人喜欢，没想让100个人喜欢，让10个人喜欢的也是一件好的设计。

殷智贤：关键看你的商业目标是什么，你的市场定位是什么。

韩家英：对。但是在咱们这儿，一说商业设计就是一个贬义词。

我觉得这是中国的一个普遍现象。中国人有文人情结，设计被排斥到一个很低的层次，觉得搞文化的高高在上，而帮商家卖东西的则不高级。工信部说中国的制造业还处在一个很低的水平，各行各业都亟须提高专业度。比方说一本杂志的版式怎么排才好，我们去看日本的杂志或者宣传品的设计，只有几种模式，但这几种模式已经是完美的了，作为设计师，你基本上可以直接采用，最后个性是怎么表现呢？是通过内容。比如我那张图特别好，而不是说我的设计一定要多怪，多特别。

殷智贤：它们的体例是非常清晰的，有标准的。

韩家英：这样的话会怎么样呢？比方说排版工人，可能设计师只是给他一个点子，然后他就可以执行，这样每一个流程都可以做得很到位——色彩的搭配、文图的位置、留白的多少、标题的字体字号等，都有非常清晰的行业标准。除非我有很高的水平，可能才会故意用字号比较大的字，让读者看了这本书觉得很特别。或者我故意用小一点的字，但是也能让读者看得清。

而在中国，大部分情况下，字不是大了就是小了，总之不合适，没有一个非常严格的行业技术标准。一说做一个设计感强的视觉设计，字就看不见了。其实我认为这不是一个创意和设计的问题，而是个技术问题，就是这个设计师还不合格呢。

但是在中国，这方面的技术问题比比皆是。其实很多很厉害的设计师都会有这个问题，因为他们顾不上，都是他们的手下在做这些细节。如果我们谈提高中国的设计水平，反而应该在这方面大力倡导。

殷智贤：就目前来讲，如果我们谈一个好的商业设计，您觉得它至少应该具备哪些基本的条件才能算达标？

韩家英：中国实际上还是在从农业社会向工业社会转型的过程中，对工业社会的很多机制、标准没有足够多的经验。例如不少人没有消费设计的经验，还不太知道怎么区分好设计和不好的设计。所以大家有的时候会说中国市场才好玩，因为各种可能性都能够实现，但在日本或者在欧洲，是有一套体系的，基本上你是不能够出这个格（体系）的，得规规矩矩的，所有“出格”的东西都是不允许的。在这里面就能比出来谁厉害了。中国现在没有这个格，使很多专业水平不高的设计师或者公司也很挣钱，这就给一些行业内的人一种导向：既然那样的设计也能拿到那么多的业务，我们为什么要严格要求自己？

殷智贤：会让人认为你执着于这些标准没有意义，因为它们不能产生直观的利益，至于非直观的利益，很多人是不关心的，有的也看不到。

韩家英：但是我觉得这是一个最基本的问题。一个好的设计肯定是对其功能等有很清晰的定位，是非常有目的性的。但是我们现在在这方面有一些差距。比方说我们做一个酒的广告，表现喝得特别享受的那种感觉，但如果消费者没有过那种感受，你给他们传达这个东西是没有用

曾梵志展览的视觉设计，韩家英2010年作品。虽然要传递信息，但并不因此破坏周围环境，不成为视觉污染源是一种设计的操守。

的，只能说“我这个是世界第一”“我这个便宜”。处在这个阶段，设计师一旦想使点劲，反而会帮倒忙，人家不要那种细微的感觉，就要“我喝了啤酒之后感觉到世界就是我的”，那种感觉才能把人抓住。其实喝酒的人谁会那样呢？但是大家就认可这种标准。我觉得现在我们想拓展生活经验上产生共鸣的点是很艰难的。很多消费者心里能感受的东西还是比较初级的，例如还是关心便宜不便宜。至于那些“没用”的东西，他们是不愿意为此花钱的。

殷智贤：他们的生活经验里没有经历过这些细腻的生命体验，以前日子过得太粗糙了，那时大家都是能活下来就不错了。

韩家英：而且你根本不能指望用一个比较简单的逻辑就把这件事解决了。其实每次面对的都是基本的东西。碰到一个有品位的、有判断标准的甲方很省事：如果你达到他的标准了，剩下的他就不管了，他认为这是你专业内的事了。这样的甲方是很成熟的。但是目前大部分甲方是不成熟的。

殷智贤：他们在这方面也没有积累什么经验，看的也不多，也不信任专业人士。很多企业即使做了很多年广告，但都没有一定之规，他们自己也不知道要哪个，你只能给他们提供若干选项。我做杂志的时候，最高的纪录是给一个客户提供了16个方案。

韩家英：不然的话你没法过关，他说哪个都没让他眼前一亮。

殷智贤：对，那个客户也是这样的口气。最后选中的是他自认为能够打动他的，但其实也非常盲目。

韩家英：他其实未必有那个经验，只是随便一选。

殷智贤：就是瞬间的一种情绪，哪儿被触发了，然后他认为那是他心里面的答案。其实他对于以什么方式传递品牌或产品的价值甚至那个价值到底是什么并不是很清楚。有些企业负责品牌推广的人来和我们谈广告宣传时，只能说出一些抽象的词汇，没有关于生命体验的描述，连一个心目中的理想样板都找不到，所以他们想要的品牌形象的调性是非常模糊的。

韩家英：很多时候这些企业或者机构的领导都靠所谓的直觉做判断，因为在此之前他们就是这样成功的。成功人士在这方面通常是很敏锐的，他们也说不出来为什么就把这件事给解决了。

殷智贤：他们有潜意识。说到我们怎么判断某个设计好不好，这里面有一点很危险：一个商业设计不能是取悦自己的，而是要打动目标受众的，尤其是当你服务的客户有族群特征，有一定的市场规模时，你必须得抓住他们的共性，这个设计才能发挥它的作用。凭直觉这件事情，因为直觉大部分是沉淀在判断者个人的潜意识里面的，可能完全属于某个人，不一定是有代表性的，比如说你作为设计师，听老板说“好，就这个了”，但这可能只是在他个人的经验中有效，最后这个设计被推出去后，对于想影响的受众有没有引起共鸣，就不好讲了。而且有些直觉是基于很久以前的经验积累，但在今天的环境下，对于什么才能打动人心却不一定适用。某些相信“直觉”的人会比较固守自己的判断，这也使设计最后无法真正回应当下的需求。这种关于设计的决策机制是不完善的。

韩家英：所以这其实是一个话题。因为中国这一代企业主每做一个东西总想覆盖整个市场。其实你要有一个更清晰准确的判断是需要先做市场调研的。比如一个品牌先把价格前提给假定了，其经验是这个要卖100元，超过100元就卖不动了，卖100元才能卖出一定的量，才能成为一个大的品牌，才能有竞争力。可是实际上消费者是可以被引导的。过去广告设计必须得用粗的字做标题，不能用细的字。人家苹果手机一问世直接用最细的字体，而且还小，几乎看不见。起初所有人都反对乔布斯，可他就这么干了，最后变成一种潮流，把全世界都给征服了。

殷智贤：是一种范儿。

韩家英：在那之后设计圈子里有一种风气，好像你不用这种细的字基本上没法混了。

殷智贤：它其实代表的是一种气质，或者说是一种态度、价值观。现在看来消费者也接受了。

韩家英：有一个最强大的东西就是它的产品确实是无法替代的。我们做视觉设计，更多的是考虑给人一种非常有用的感受，但大部分企业觉得没必要在这个方面下那么大功夫。有的甚至觉得做得越低级卖得越好。

殷智贤：我们总说艺术作品要雅俗共赏，设计其实也面临这个问题，即艺术性和功能性的平衡，或者说它的通俗程度和它带给人的启发性之间的平衡问题。

我和很多企业家沟通的时候，发现他们不太相信或不看重设计所能创造的价值，当然可能设计师也没有提供特别激动人心的案例，他们更相信营销带来的效益。很多老板总觉得自己最懂市场，于是他们找个大学毕业生来画设计图。

韩家英：关键是大学生能贯彻他们的想法。

殷智贤：对。是这样。而且他们还认为自己主导的设计和请一个特别贵的设计师的作品之间好像也没多大的差别。既然都差不多，为什么要多付那么多钱！他们不会去想乔布斯的苹果手机为什么那么吸引人！完全在市场预期范围内的设计，不会有任何可观的市场份额，只是个常态，老板自己的见识就是这个企业的市场边界，如果他是不容挑战和逾越的，这个企业的市场份额的极限就是老板个人见识的边界。像乔布斯这样的设计师可以用设计生生造出一个市场，创造一个神话！乔布斯的苹果手机成功上市后，很多企业主责备自己的设计总监：你们为什么设计不出这样的产品？但是之前如果有人设计这样一个手机跟这些企业家说“你给我设计费3 000万”，这些企业主是坚决不肯给的，

> 我们这个工作不是那么简单的，不是说我给你设计好一句话，设计一个颜色，一下子你就成功了。不会的。

不要说3 000万，给你30万就算对得起你了。其实也没有那么多设计师有乔布斯的创造力，凭一个设计就可以开创千亿美元市值的市场，但还是有很多优秀的设计师有不错的创造力，如果企业主用自己的见识和经验作为唯一正确的判断标准，就会错失一些开创市场的机会。

在今天，中国很多企业如果想突破发展瓶颈，企业主突破自己的经验，收起自负，深入发现和挖掘设计的潜力是一个非常重要的突围路径。

对于一个比较好的商业设计，它的启发性、感染力和它的通俗程度、对于目标受众的接近程度，您觉得要怎么掌握这两者之间的平衡？

韩家英：很多时候还是要从受众群体来思考这个问题。比方说农村一些见识很少的人，他们也喜欢苹果手机。这说明人在审美上也没有那么大的差别。人家看到国外的好东西的时候，也没说自己不喜欢，只是觉得太贵了，买不起。

殷智贤：在最好的东西面前，好像没有什么阶层差异、地域差异、文化差异，大家都能认出它的好。

韩家英：不是说他不要你这东西，而是说觉得你这东西贵，另一个便宜，能打折，他就彻底把这个东西给忘了，根本也不管好看不好看，不考虑自己内心的感受，反正另一个便宜就是了，这个在现在的社会，我觉得还是一个蛮重要的指标。这个指标是很刚性的。我观察过，很多看起来很有品位的人，他们买日常生活用品可能就选普通的买，他们也不是都用好东西。其实这是一种生活态度的问题。但在中国，其实大部分人都是这种状态。因为他们没有高品位生活的经验，过去就是过穷日子，所以他们有钱之后，觉得那钱可花可不花，而要出去见朋友时，觉得不能丢脸，要穿一身好衣服，拿个好包，这个大家都知道，但是在只有自己能看见的时候，例如在洗手间里都用特别好的东西，看着特别舒服的时候，这个生活品质才是真的高。因为你是让自己喜欢，而不是就为了炫耀。有的人其实已经很富有了，但你看他家里用的洗发水可能就是超市里打折的廉价洗发水，因为过去我们都是用肥皂洗澡长大的，头发也没掉，他觉得那洗发水肯定比肥皂高级，他没觉得洗发水也分优质和劣质。我最近在为湖南的一个品牌做视觉设计。他们就是三线城市开的连锁店，但会花很多钱来找我们做设计。

殷智贤：他们是怎么想的呢？

韩家英：他们就是希望做一个好的东西。

殷智贤：他们真的相信设计能给自己带来价值？

公共场所标识的设计体现韩家英在提高大众审美上的自觉。

韩家英：没错。一年才一个多亿的营业额，却拿出一定百分比的利润请我们来做设计，之前我觉得只有大企业才会这么做，而这家企业的市场就是那么小一点，但是它在这上面也敢花钱。过去我们会给客户一个标准答案，但是这次我们在思考，因为我觉得这次不像给一个产值几百亿的大公司做设计，做好一点，就是锦上添花，但做得好与不好都不能从根本上解决实际问题。因为那些大企业没有把这个宝押在你身上。

殷智贤：人家有太多的支点可以支撑那个大厦。

韩家英：我们这个层面的工作其实就是锦上添花。所以我每次都和客户讲，"你找我做个设计可别想让猪都能飞起来，你这么想的话，我觉得你要好好思考一下"。因为我们这个工作不是那么简单的，不是说我给你设计一句话，设计一个颜色，一下子你就成功了。不会的。

殷智贤：我插一个案例：关于好利来改变店铺形象的设计。我相信这会完全改变消费者对这个品牌的认知，对它的好感也会有质的变化。

韩家英：这种已经在市场上有知名度、有自己影响力的企业，我就建议它们一定要走得稍微大胆一点。但是往往这种企业都是很保守的。

殷智贤：我觉得好利来在过去一年的形象改变真的是革命性的，它从店铺设计到所有的包装袋、托盘的颜色和造型、店铺的灯光、货品的陈列方式、主色调、橱窗里各款点心的色彩搭配都比原来上了一个档次。

店铺的主色调全部改成了白色，所有的餐具都改成透明的，包装袋是纯白的，让人立刻就会觉得这个食物很干净，很有档次。很重要的一点，它改变了店铺陈列的照明，品质感立刻就不一样了。这次的形象变化应该给企业创造了极大的价值。

韩家英：这个场景的感觉变了，但是我觉得还可以做得更时尚。

殷智贤：一步一步来吧。

韩家英：我知道，其实我们现在看中国很多高档的产品和场所都有那种土豪的感觉。

殷智贤：我们现在就说说文化。您觉得文化对于设计生成到底能产生多大的影响？

韩家英：其实关键就在这儿。你用什么标准来评价商业成果。如果说你要用解决问题的标准，那么我觉得从商业的角度、利益的角度就可以了。就像好利来的店铺形象设计，空间设计改了，可是品牌标识只换了颜色，没有改字体，商家可能觉得大家注意不到那些字，这确实得有更深体会的人才会注意到，没这个体会就看不出来。

殷智贤：普通消费者可能会对氛围有感觉，对品牌字体这种细节可能是比较麻木的。所以当你推出一个设计，和公众沟通的时候，你是从感官层面上去打动受众，还是说要加很多的文化信息去打动对方？很多商家会说目标受众是普通百姓，所以我们设计一个通俗的就行，不用那么有文化。好像这样更契合普通百姓，但为什么不想，也许你做一个很有文化的设计教育了我、影响了我、提高了我呢？

韩家英：这是一个本质的问题，就是你要不要伟大的问题。

殷智贤：对。很多人总说：受众没那么有文化，为何我要做这么有文化的事？他们又看不懂，这属于过度设计。但你为什么不把提高大众的审美作为你的责任呢？只有大家都做好设计，百姓的审美才有机会提高啊！

韩家英：我们理解过度设计是另外一个层面的。谷歌原来那个标识用的是特别丑的一种字体，因为那就是创始人自己随便画的，但是大家都觉得挺好看，因为它的产品太强大了，一下子变成世界第一的品牌，没人敢质疑它的审美品位。2016年，在我们平面设计界的一个国际会议上，谷歌专门把设计师请去讲他们新改的品牌标识设计。其实这只是一个合格的设计而已，就像说你这身衣服搭配得体，没出错。过去那个标识基本上就是外行，但不影响谷歌成为世界第一，因为它其他方面的产品设计很厉害。

殷智贤：所以这里面就有一个问题：当我们去买一件东西的时候，到底享受了多少设计带给我们的价值？

韩家英：通常无法赋予设计这么高的价值。说它有价值，偶尔可能发挥四两拨千斤的作用，但是90%的价值都是一点一滴积累出来的，品位是要一点点建立的。

殷智贤：所以文化内涵或者说文化气质在视觉设计里面能发挥的作用没有大家期望的那么高？

韩家英：不是。我觉得是一个标准的问题。你穿拖鞋出门，穿睡衣在马路上溜一圈，别人不好说你什么，但在别人心里你这样显得修养不够。有些品牌的设计很难看，但是也没耽误它们成为世界第一。所以你说怎么评价设计的价值？

殷智贤：面对一个设计作品的时候，好设计和比较糟糕的设计，还是有一个评价的标准，例如传递的信息是否准确清晰，表现方式是否有吸引力和长效性。

韩家英：为什么大家崇拜乔布斯？我觉得乔布斯是那种认为什么东西最好他就要把它做出来的人。爱马仕为什么牛？这个品牌认为：我们不做时尚调研，我们只做我们认为好的，我们不是讨好你，讨好你就有目的了，也就是挣点钱呗。人上升到更高一个层次后，挣钱就是相对低级的了。

谷歌为什么要改标识？因为原来那个确实太难看了！但是大多数人不是做平面设计的，看着觉得也没事，甚至还有很多人在模仿它，搜狗、搜狐都在模仿。那些互联网品牌的标识设计都做得歪歪扭扭

> **只要是一个好的设计师，他心里就应该知道什么东西是完美的，只是说能不能让别人理解而已。这种好的设计放在本身已经很厉害的产品上往往就能成功，但是有意思的是这个世界常常不重合。我们经常看到某一面强大、另一面就弱化的产品，大部分都是这样的，真正完美的没几个。**

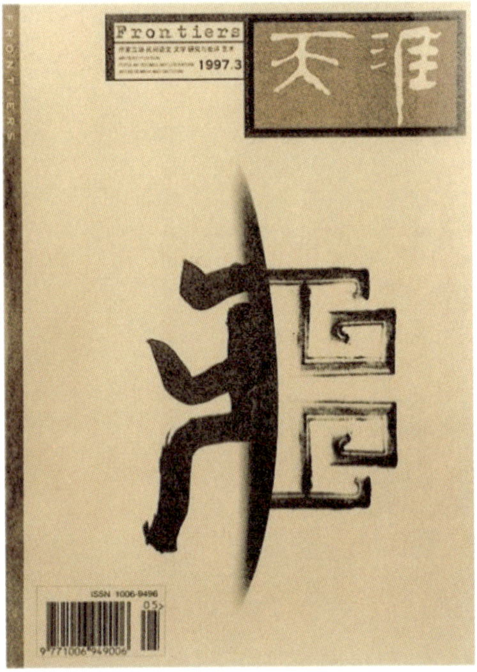

《天涯》杂志封面设计，1997年作品。韩家英以中国古老象形文字“文、美、亚”作为创作元素。“文”是甲骨文与人形毛笔的结合。“美”是人五根手指的演绎。“亚”，左边是文字，右边是明清家具的图形纹路。相结合的两者之间本身并没有什么关系，但是从图形中，韩家英找到了一种形似的内在关系，通过组合产生出一种不同的视觉效果和形象，强化人在阅读时对图形纯粹的感受。如果可以有更宽广的想象力，对图形的处理是完全可以不受图案本身的限制的。

故宫冰窖餐厅视觉系统。韩家英2016年设计作品。在今天，作为中国设计师，要么回到传统，因为你可以强调你是中国设计师，但这需要能做出得到公众认同的代表中国文化的形象；要么展现现代性，也就是西方的标准。这一时期的中国设计师面临的这种文化选择上的游移是转型期的必然结果，但也是转型期提供给中国设计的机会，因为可以不受中国传统的制约，也可以不受西方文化的束缚，有开放、广阔的探索空间，这是设计师和大众共同探索一起成长的阶段。

的，这是不对的啊！显然选择这种品牌标识设计的决策者在这方面的审美是缺失的，他们不知道那个难看，估计他们是以为：反正谷歌都这么设计了，我们这么设计肯定没错。

所以互联网领域虽有那么多人，但大家只崇拜乔布斯，为什么？他确实是完美，他设计的东西几乎都是第一名。别的一看就是各种小心眼。这就像你穿拖鞋出门当然没人管了，但是让人看见了就彻底暴露修养差了。

殷智贤：谈到这个问题，您说有伟大和低级的差别，您也说到，如果产品很强大的话，它可能会掩盖设计上的严重缺陷，那么当我们去消费设计的时候，如何认出设计可以带给我们的价值？

韩家英：设计师在创作的时候，只要是一个好的设计师，他心里就应该知道什么东西是完美的，只是能不能让别人理解而已。这种好的设计放在本身已经很厉害的产品上往往就能成功。但是有意思的是这个世界上的事常常不重合。我们经常看到某一面强大、另一面就弱化的产品，大部分都是这样的，真正完美的没几个。

你看做服装的，标杆性的大品牌不就那么几个吗？其他品牌多是唯利是图，觉得你的好卖我模仿你一下。最后可能只有爱马仕、香奈儿这些牌子在坚持做自己的东西，其他品牌卖得再好，爱马仕、香奈儿也绝对不会学的，所以它们还是很强大。能坚持这样做的品牌现在少之又少，各行各业都是。

你看汽车，做得最好的也会亏损，即使设计完美也会亏损，你必须得用大众化的产品养着高级的东西。设计完美，还卖得特好的产品不常见。其实有意思之处就在这里。

说到本质，我个人有种体会，人一旦某个方面强大了之后，潜意识里会看不上其他方面的品质，他觉得其他品质对自己的产品不重要。比如我买了个茶壶，想再买几个茶碗和其他配套的茶具，结果不

爱马仕深圳华南旗舰店的橱窗设计，创意的构想来源于2009年爱马仕的主题“美丽的逃逸”。思考如何与爱马仕的传统“尊重当地艺术文化”结合起来时，韩家英运用了一个经典的中国元素——太湖石。俊朗的马头轮廓，随着视线渐渐拉开，融入远方的太湖石轮廓，就像是一场美丽的逃逸。东方神韵与西方优雅在这单线和粗线交错的勾勒中，碰撞出全新的视觉火花。

是尺寸不对，就是颜色不对，要不然就是托盘不行，或者价格贵得离谱，几个点能重叠达到“就是我想要的”是非常难的。这种难是因为每个人的思维不一样，审美也不一样，所以很难找到大家公认的这种重叠点。不同职业的人看重的点不一样，对同一个产品好与不好的评价标准也不一样。

殷智贤：现在因为有电脑参与设计了，不像原来全部靠手工画。电脑显示出很强大的操作能力或者执行能力，这时候有些人就会欢呼说“好像设计变得更自由了”，看起来各种情形都可以去畅想或者尝试。

韩家英：电脑其实只是解决了一些基本问题。

殷智贤：但有些人认为电脑可以实现原来你之前想都不敢想的一些创意。

韩家英：人永远是最重要的，因为电脑做的再好，也是一个机器做的东西，这个机器能做，别的机器也能做，所以只要是一个好东西，马上就会被同质化。技术用到终极还是要打动人的内心，让人觉得这个东西这么厉害。

殷智贤：所以无论我们调动什么样的手段，手段再强大也只是手段，像您说的，动用这些手段是为了打动人，可是你要怎样打动人却是由你的理念引导的。这时候作为一个设计师来讲，怎么确定一个设计的核心传播点？我们曾经做过一个测试，就是请实验者戴眼动仪，看眼球在看画面时如何运动，视线的落点在哪，然后全部记录下来，它叫眼球跟踪仪，我们全都是针对广告画面测的。测试后发现，我们认为特别糟糕的广告果真在这个测试过程中就是失败的。因为受测人眼球落的那个点根本就没在广告希望传达的重点信息上，广告主的钱白花了，例如一个广告明明是想卖抽油烟机的，但是受众的眼睛都落在女明星的脸上，根本没有注意到抽油烟机。

韩家英：对。只要这里面有人，我肯定盯着人，我不可能不看人而看别处。

人永远是最重要的，因为电脑做的再好，也是一个机器做的东西，这个机器能做，别的机器也能做，所以只要是一个好东西马上就会被同质化。技术用到终极还是要打动人的内心，让人觉得这个东西这么厉害。

殷智贤：所以我们怎么知道这个设计是成功的还是失败的？传播的核心点是怎么确定的？

韩家英：核心点抓人，它的设计就抓人，只是说别人没有这个经验的时候，你问他，他说不清楚，但是他的潜意识会影响他的行为，大部分人在看一个东西的时候，已经有一个目的了。进了超市、便利店或者商场，他们下意识地就会往那儿走，往那儿走自然就找到了他们想要的东西。这种影响我觉得其实还是很微妙的。

我不认为这种影响可以被具体量化。当然它作为一个背景是很必要的，给创作者提供一个参考，告诉你哪些不可以做。但是哪些是可以做的，你需要自己校正，也要有一个专业的判断，加上所谓的市场调研，或许可以得出一个结论。就像拍电影，说必须怎么拍，其实那只能是一个套路，并不能成为一个好东西的真正标准。

殷智贤：我觉得您提出的这个论点其实挺关键的，有的时候我们可能把套路误认为标准，尤其它奏效了之后，我们会认为这个就叫标准。但其实可能只是套路。

韩家英：如果你做出来一个东西，全世界都没有，就你有，那你这东西一出来就能把所有竞争者都“干掉”。但是99%的企业大部分都是在一个已经有的平台上做产品，卖茶叶、卖咖啡、卖家具……这些东西已经不是稀缺的了。茶杯缺吗？茶杯太多了。但是因为它们可能不是最好的，你才有机会。

殷智贤：还有一个问题，既然我们都谈到了现在技术可能只能解决基本问题，那么您觉得深层的问题是由什么来解决的？如果说前面那些都只

“千里江山图”展厅的设计是韩家英希望在传统艺术展览中加入新元素和新技术的一次实践。展厅中间用当代艺术家曾梵志的雕塑《踏雪寻梅》作为与北宋画家王希孟的千年对话，取《千里江山图》的灵魂颜色石青和石绿作为主色调铺陈，辅以泥金、绢白点缀，在空间里又以山石花木造景，让午门高大的展示空间有了视觉的支点。整个设计的用色虽与《千里江山图》是同一色系，但却降低了色彩的明度，所以并未产生喧宾夺主的效果。2008年作品。

是手段的话，那么真正支撑一个设计的核心的东西是什么？尤其是在商业设计领域，一个好设计在这样一种氛围下或者说在这样的约束下诞生，它要把自己的什么价值打造得特别出色才有可能被视为一个好的设计？

韩家英：我觉得大家把设计的价值看得很高的时候，就会拼这个东西。比方说我们在做的一个饮料包装，其实大部分企业都不愿意在这上面做太多东西。

中国现在有些品牌试图通过做一些高端的东西来体现品牌价值。我觉得应该把最基本的东西做到位，这样对品牌的建立才是最有效的。

殷智贤：现在我们看到很多设计造成了污染，无论是出现在建筑物外立面上的一些标语、海报等广告，还是出现在电视、网页或纸媒上的广告，其实有很多设计非常糟糕。我个人比较担忧的是一代又一代人看着这些糟糕的设计长大，对审美其实是个很糟糕的误导。您觉得在这方面我们可以做些什么？

韩家英：这个就是专业识别的问题。因为你不能把这件事交给老百姓。我特别反感全民创意的提法，专业人士创意能力还不足呢，没受过专业训练的外行能把事情做到什么程度？专业人士应该对此负起责任来。

殷智贤：是的。毕竟设计不是一个拍脑袋的工作，真要做到位，需要扎实的专业能力和长期积累的设计实践经验。

最后一个问题，新时代都市的“电脑儿童”是“互联网原住民”，他们获得信息的方式已经变了，手机是主流媒体，或者说载体，手机的尺寸和这个介质的特点与原来我们习惯的电视和报纸都不一样。在您看来，这些介质的改变，以及他们接收信息的即时性对设计提出了什么新的要求吗？

韩家英：会让设计变得越来越简单。因为已经没有什么机会让你去做复杂的设计了。

《妙法自然》海报。2011年作品。韩家英认为："设计很多时候可以重塑某种关系，这种重塑可以创造一些新的体验，也可以启发人们认知事物的视角，还可以打破人们陈旧的习气，迫使人更新自身的知识、见解。作为设计师，你有什么样的动机和实力，决定了你会在哪个层面或方向上给受众以影响。"这组海报将中国水墨写意的手法与现代电脑技术结合，将经典的东方意境和具象的城市景观融汇，创造出对"妙法自然"的崭新解读。

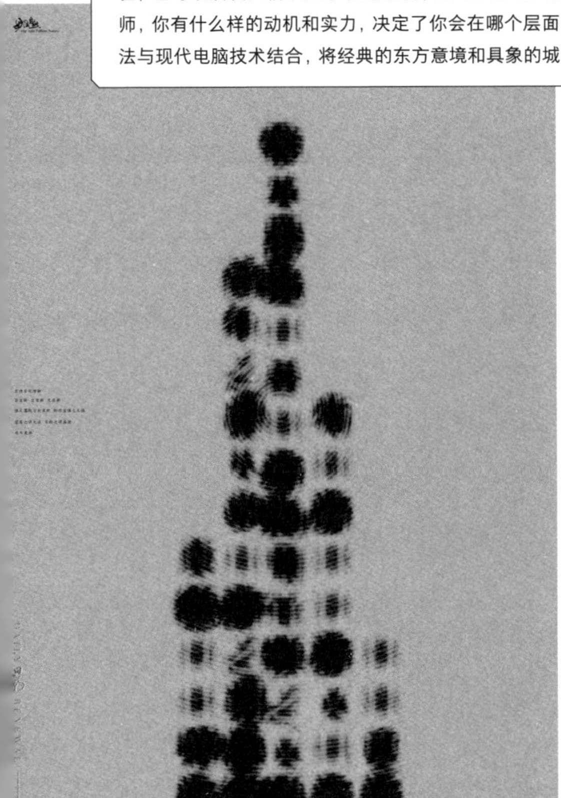

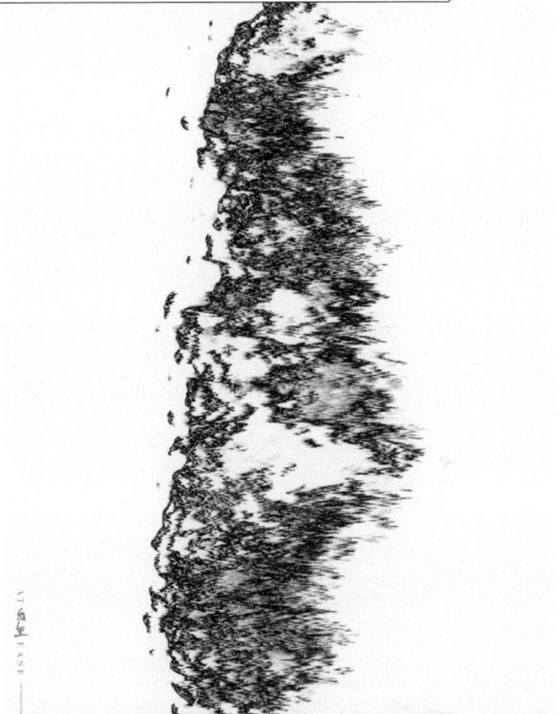

殷智贤：可能三秒钟内我没看到你，就跳过去了。

韩家英：就是这样，手指就划过去了，你必须能让他快速地知道这是什么，各种情绪的激发都被简单化处理了。阅读节奏不会再带来太多情绪上的反应，只能说谁的图片更吸引人，文字被阅读后能让人有情绪的变化，但视觉节奏本身不会。比方说我在书店里看到一本大江健三郎的书，竖排版，繁体字，看起来特别慢。但是在日本的那种氛围里面，你读进去之后，会感觉到日本人对自然观察的细腻，会影响你去感受这种自然。以前我们可能不会这么去感觉，比较粗略，顾不上，慌慌张张的。其实这种行为和感觉就会影响一个人。但是如果你不读书，或者说不天天读书，那么觉得有手机阅读就够了，因为知识、资讯都在里头了。你觉得看手机就是在获取信息。

殷智贤：那样就不能体会到阅读的节奏感了。

韩家英：他们会觉得没必要，也不需要，忙着呢，体验那些干吗？没用。

殷智贤：说到实用，那么无用的事对今天还有什么意义？

韩家英：看你心里有没有达到那种状态，你到了那种状态，就会觉得无用比有用重要得多。

殷智贤：您看原研哉当年给无印良品设计的商业海报，可以说确定了无印良品业界地位的那几部代表作就是推崇无用之用的。那张海报既没有谈无印良品的产品，甚至连无印良品的口号都没有提过，就是那么简洁。那种视觉形象和我们之前习惯的要说好多话、给好多信息的营销风格大相径庭。看起来对品牌传播好像是完全没有用的事，可是因为这样的一个设计，反而让人们领会了无印良品所要传递的精神。确立了它的美学风范和市场地位。

韩家英：因为旗帜就在这儿，这个象征就是这张海报，其实无印良品20世纪80年代在创立这个品牌的时候就是这么做的，到玻利维亚的盐湖去拍那张照片，日本最好的摄影、设计团队，坐私人飞机去，就为这么一张照片。可是你在商店里边是看不到这张海报的，没地方挂，只有我们专业人士能知道这个。但是宣传的时候，就是要把这个东西作为一种象征。因为你拿出一把椅子，拿出一个茶杯都没法代表品牌的这种精神，只有这个才能代表那种精神。可能十几年前普通老百姓对这种东西开始有感觉了，但是这个东西其实30年前就有，只是那时候大家对这个没感觉。所以这个东西没被用起来。

所以你看伟大的品牌在每个地方都不含糊。包括这种视觉设计。你想想，去玻利维亚，坐私人飞机去，要倒三次飞机飞到那儿，就为了拍一张照片，有多少品牌舍得这么投入？

殷智贤：人家的理念就是说：如果我是一个体面的人，我不能只是穿了一身漂亮的衣服，我的发型得对，我的袜子也得穿对，我的手指甲里边不能有黑泥，否则我就不能被称为一个体面的人。价值观决定投入资源的方式和排序。

韩家英：我喝一杯水必须是用杯子，还得有杯垫，都要很讲究。

殷智贤：不是那种拧开瓶盖直接喝的。

韩家英：对。但在很多人看来，必须用杯子喝水，杯垫这不都没用嘛，和解渴没什么关系，但厉害的品牌在这些地方花的钱比那杯水贵多了。所以一个伟大的品牌必须是在别人认为无足轻重的地方舍得投入，才可能伟大。否则你把这些都省去，不费钱，那你就没法变得伟大了。

殷智贤：那些看起来无用的东西体现的精神追求是无价的，所以真正伟大的品牌是能够创造超越物质价值的品牌。

好设计的DNA是有标准的

太贫穷的经历使很多人对物质生活的要求不会太高，因为能活着就已经很不容易，见过千山万水之后的人对物质生活的要求也不会太高，因为知道一切不过如此。只有在这两者之间的人会对器物的品质和品位有着不同层次的评判与追求。

当我们说要用好东西时，对“好东西”的认知将直接影响着我们的设计、制造、消费的价值判断和行为标准。在这件事上，日本有一些值得我们借鉴的理念和做法：

1.在日本，最好的东西是给本国人民用的，这让他们觉得在自己的国家里备受重视；

2.日本人对生活品质要求高是闻名遐迩的，别人也因此用对待高品质的人的标准来对待日本人；

3.日本产品以其设计卓越、工艺精良著称于世，而设计制造出这样的产品源于设计师及工人有相应的素养及生活经验，对精致生活的追求与实践使日本人有机会积累这种素养和生活经验；

4.好东西、优质的东西用久了，人也变得体面并懂得体面，觉得自身也是尊贵的，生出这样的自我认知，就会知道自律和自持。

5.好东西用久了，人的感官会变得精细而敏感，品位的养成才有了基础。那么“要做就做好东西”不仅是一个抽象的信念，还会成为一个习惯。当全民都被训练成如此这般，这个国家的市场就无法容忍粗制滥造的产品了。

鉴于这些经验，如果我们希望自己的生活从物质到精神都有一种提升的话，用好东西可以成为一种值得培养的良好习惯。

好东西也是有共同的标准的，这些标准不仅指向一件物品的功能性，也同时指向它的审美价值、文化内涵和社会责任。

要认出一个好设计，媒体有时候能帮上一些忙，但也会被其灌输很多的偏见。例如当我们捍卫手工艺之美的时候，是否在不知不觉中就拒绝了新兴的美学？当我们批评机器生产出的东西缺乏人情味、没有生命质感的时候，是否不相信这种幼稚的美学会成长，甚至有一天和我们今天所推崇的古典美一样走向衰老？当我们不能设置某种现代审美标准的时候，是否意味着我们还没有认识到现代的若干价值？比如平等的价值在一件器物上怎么表达才是高尚的？当我们迫于市场压力，使用低廉的材料或粗糙的工艺或抄袭来的设计，试图最大限度地降低成本时，我们是否知道这种行为也在毁灭我们成长的潜力和长久的声誉？

杨明洁对设计之于人们生活的意义一直抱持着强烈的信念，他相信当越来越多的人懂得识别好设计的时候，这个社会一定会趋向良善与和谐。

包豪斯风格奠定了一个时代的审美价值观，因为一种技术的革新导致线条越来越简洁，这就变成了后来的极简主义，它变成了一种美学价值。

殷智贤：您曾留学德国，这个包豪斯风格诞生的国家，有着当今世界最先进和最完备的现代工业生产体系。包豪斯风格也深刻地影响了中国现当代设计的风格和走势。您现在是在中国工作，很多的设计是在中国本土诞生的。面临着吾土与吾民这样一个环境，您的设计教育经历和实践经验会令您怎么做判断和选择？

杨明洁：首先，回顾一下，我觉得我从德国学习到的只是方法与逻辑，而我的设计一定是基于中国本土的文化与生活方式自然生长出来的，否则一切将浮于表面，流于形式。需要强调的是，设计的国别性不是目的，而是自然而然的结果，否则就是民族自尊心与自卑感在设计中的双重体现。

我们讲欧洲整个工业史是从第一次工业革命即蒸汽时代开始的，到了第二次工业革命，也就是电气时代，再往后就是今天的互联网时代，我们称为第三次工业革命。中国没有经历过第一次工业革命和第二次工业革命，但恰好赶上了第三次工业革命。

从产品的角度讲，在工业革命之前，我们还是把所有的产品称为手工艺品。它们是手工造物，更多是手工匠人做的。工业革命催生机械化大生产，很多产品可以通过一套模具大批量地复制，这时候线条开始变得越来越简洁。这个时候因为新的技术导致审美上出现了困扰。我们知道英国有工艺美术运动[1]，它是失败的，但是它指出新兴的那些工业制造的东西很丑陋，是让人无法接受的。就好像我今天看到特斯拉也觉得很丑，它怎么能跟保时捷比！它也是新的技术革命所催生出来的一种车。其实我觉得有些时候是同样一个道理，对于一个新兴的东西，它刚刚出现的时候，很多人是没有办法接受的，要调整和适应一段时间。

在西方进入机器化大生产的工业革命阶段，即20世纪30年代前后，我觉得是包豪斯风格奠定了一个时代的审美价值观，因为技术的革新导致线条越来越简洁，这就变成了后来的极简主义，它变成了一种美学价值。在这个过程当中，很多新的材料、技术出现了，像塑料、玻璃、合成板，而这些新的材料、技术又导致了新的设计语言诞生。

中国进入这个阶段，是20世纪80年代改革开放之后，中国慢慢变成了一个“世界工厂”。“世界工厂”的另外一个衍生品就是“山寨产品”。这是让我们可以最快地接近欧美现代社会的方式。比如说意大利潘通的塑料椅。这把椅子在中国老百姓的眼中一般是这样的：这把椅子好漂亮，很便宜，100多块钱。

但是你想象一下，当年这把椅子为什么能成为经典？是因为当年全部都是木制家具的时候，技术可以制造出这种大体量的一次性成型的塑料制品，像外星人来到地球一样，让人很惊讶，它的价值在这里。但如果你去问一个中国的消费者，这把椅子好在哪儿？他会说：漂亮。除此之外，如果他不知道潘通椅诞生的背景，不会知道这个价值，他怎么能够接受一把塑料椅子比一把黄花梨做的椅子要贵呢？其实它的原版应该更贵，但是国内有些人现在还没有办法接受这种设计的价值。

殷智贤：目前我们还不具备西方现代社会评价一件东西的价值体系，我们还在用材料成本、人工成本等这些成本来评价一件东西值不值。所以

1. 英国工艺美术运动：19世纪发生在英国的争取艺术和手工艺之间联系的运动。代表人物威廉·莫里斯和约翰·拉斯金。莫里斯认为手工艺被艺术家抛在后面了，必须“迎头赶上”，与艺术家“并肩作战”。这一运动的背景是工业革命引发机器化大生产，产品呈现出的艺术质量迅速下滑，消费者的艺术趣味趋向粗俗，故而他和拉斯金倡导通过完全否定技术和机器生产，恢复艺术和手工艺之间的联系，来解决艺术和技术之间的矛盾。

在这个评价体系里，“山寨”的东西一定是值的。我们目前还没有认识到由一种新思维、新技术、新审美带来的生活方式的改变和生命体验的突破具有巨大的价值。现在“原创”这个词叫得很响，但落实在企业行为上，其实很少有原创，消费者识别原创的能力也很有限，不愿意为原创设计付费，那些真的为原创投入的企业暂时还没有享受到原创带来的红利，有些就坚持不下去了。

杨明洁：这段从农业社会向工业社会转型的历史我们是缺失的，我们没有看到这个过程，只看到一个结果，而这个结果又是“山寨”出来的结果，它很廉价。我觉得这件事情会导致我们当下很多制造商和消费者的审美走入误区：设计是不值钱的。所以我在想，这种缺失与断层是否导致我们的很多消费者的审美价值判断还部分地保留了手工艺时代的特征，只从材料的贵重与否，视觉上的繁复堆砌来判断价值？！这很可怕。如果我们按材料来评判其价值，用黄花梨、紫檀来做，样式不管怎么样，做出来的家具就是贵的，因为材料摆在那边。这个其实是一个很大的误区，对于设计来说，我觉得这是很致命的。这意味着中国的当代设计还需要一段时间的积累，有了足够坚实的基础后，我们才能生发出独特而成熟的文化判断力和价值选择标准。

殷智贤：当我们说“要做一个好设计”的时候，到底需要设计的是什么呢？

杨明洁：按照德国的体系，一件家具的诞生很多时候是基于一种新的材料和工艺。

我觉得德国的很多设计是从这样的角度去做的，而不是说要做一个像仙鹤的东西。中国人特别喜欢很具象的东西，会很形象化地去理解一个设计。这样的审美嗜好与思维逻辑，或许也和中国的汉字是象形文字有关。我觉得不单在设计家具时甚至在设计电器的时候也会碰到这样的问题：中国人一定要用很形象的词去形容这个东西。这种设

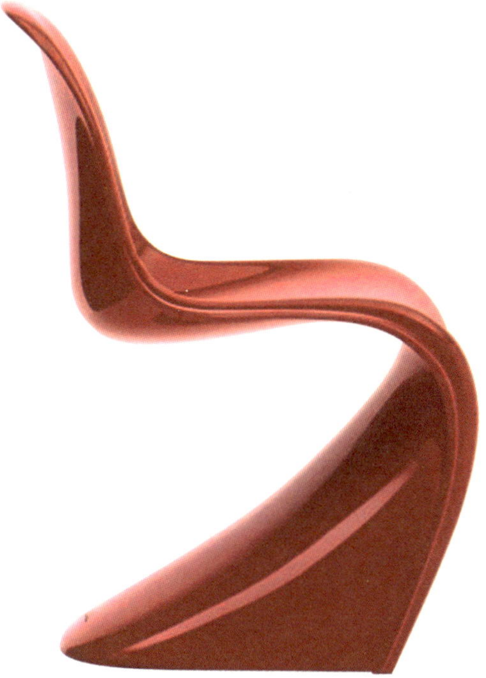

YANG DESIGN 碳纤维智能旅行箱，获2017年度日本G-Mark设计奖。由奥迪公司与杨明洁及其团队共同设计研发。其概念源自奥迪领先的 ultra 轻量化车身技术，首次将独创的双 U 形铝镁合金骨架结构与来自航空赛车领域的碳纤维结合，实现了轻量化与坚固性的完美统一。有别于传统硬壳旅行箱的中缝开盖设计，这款旅行箱通过颠覆性的U形铝镁合金骨架结构，将开合部位设计在前面板，结合碳纤维坚硬的特性，保证前面板的轻薄体量与刚性构造，留出更多可利用的箱体空间。拉杆中间嵌入了智能中枢系统，提供了移动电源与便捷充电装置。旅行箱顶部，首次将生物指纹识别技术运用于箱体锁具，只需手指轻触，即可开启前盖。在外部空间狭小、箱体直立的情况下，可打开箱盖，轻松取放物品。

潘通椅。维纳·潘通（Verner Panton）为VITRA设计，20世纪60年代初问世，是世界上第一把用塑料一体制作成型的椅子。

这是杨明洁为法国施耐德电气公司设计的针对欧美高端办公场所使用的接线板。针对办公空间中用户使用接线板的不同状态与频率，有几分钟、几小时、一天或是一直不拔的电源，这款产品可以更方便地拔插电源，将各种电源线归纳整理，并即时显示与控制能耗，从而达到节能的目的。

计思路跟德国人的设计思路很不一样。所以我觉得到今天为止，我在德国所学到的东西可能还有很多是没法用上的，这个过程还会持续下去。

殷智贤：我是这么看待这个差别的，中国因为太长时间都是农业文明主导的国家，我们的哲学谈的是道法自然，天人合一，所以我们的美学很大一部分强调创作是对自然的崇拜与模仿。您刚才谈到中国的甲方要求所有的形象都必须是具象的，这种形象的来源其实都是有自然出处的。中国士大夫阶层的审美有对具象的超越追求，文人画后来发展到追求“意境”“气象”，是对具象的超越，但大众审美会喜欢自然景物的呈现。这就是由中国传统意义上对自己和这个世界的关系的认知决定的。

中国历史上是一个农业大国，中国人的基因里面势必对自然有很强的敬畏和依赖，与自然的亲近程度影响了我们的生活方式，也影响着我们的生活品质。像您说的那种完全从自然中抽离出来的线条极其抽象、没有自然出处的造型，对现在的很多中国人来讲，超出了他们的经验，太陌生了。但我想85后可能会有明显的不同。

杨明洁：对，这或许不是差距问题，而是差异问题。

殷智贤：个人觉得与历史断层没有关系。当然这只是我的观察。因为我觉得你在德国学的那些东西在遭遇这种文化差异的时候，可能有些就会被挡在某一个地方，无法往前走。回到刚才说的潘通椅。潘通椅的原始造型在自然当中是找不到的，所以大多数中国人对于这种陌生的造型至少是没有感情的。

我的导师给了我五个层面评价设计的标准：第一个层面是观察者的层面，或者称视觉层面……第二个是使用者层面，或者称功能层面……第三个是生产者层面……第四个是拥有者层面，或者称品牌层面……第五个层面就是社会层面。

杨明洁：因为中国的工业化程度还不够高。西方现在所有的这些生活经验、视觉经验及审美经验都是在工业文明诞生之后才获得的。

殷智贤：对。其实西方古典主义时期的很多东西，相对工业时代的产品来讲，也是跟自然比较亲近的，比如那时的家具一定要保留木头原本的材质肌理，但是工业化社会怎么会让你看到材料原始的肌理呢？这些自然的印迹都可以去掉，人的力量是要大于自然的力量的。这是工业文明塑造的一种价值观。当然这些年我们也看到了对这种价值观的一种反省甚至批判，有机设计的理念和作品也在持续推出，但总体来讲，欧美国家进入工业社会之后，对自然的背离力度还是很强劲的。

当您进行设计时，会考虑一些什么样的维度来使这个设计更好地满足人们的现实生活需求？为什么您认为要把这些维度都放进去，才算是完成了关于设计的思考和创作？

杨明洁：我们从大的角度来讲：当下的中国处在一个什么样的阶段。所有的设计到最后是一件执行层面的事，为什么产生这样的设计？我觉得背后有很多原因，包括社会、美学和历史等方面的，这些很复杂的因素会导致这样或那样的设计的诞生，当然也包括技术上的革新。

我在德国的导师是一个典型的包豪斯思维的德国设计师，他要求设计必须非常有逻辑性，任何一个结果的产生都必须有理由。所以他说设计就是设计，艺术就是艺术，这两者其实有蛮大的区别的。后面这句话是我自己总结出来的：设计是满足用户的，艺术是满足自我的。

殷智贤：二者有什么差别？

杨明洁：我觉得市场上的用户可能只是一部分评判标准。我的导师给了我五个层面评价设计的标准：

第一个层面是观察者的层面，或者称视觉层面。也就是在没有使用过这件东西的时候，消费者看到这件东西时应该是从视觉上感到愉悦的，它是创新的，可以很好地引导人去使用，这种引导性是简单明了的。比如当我们看到一个茶具时，我们知道把手应该怎么握，这都是在观察者层面解决的问题。

第二个是使用者层面，或者称功能层面。指通常我们讲的这件东西要适合，要具备安全性，它应该是耐用的，等等。同时也应该考虑到使用过程中的一些极端场景，比如某个茶杯如果是给一个小孩来用，水会不会突然洒出来？因为小孩的生活经验比较少，使用时不会考虑足够多的安全性等，这些都是设计时要考虑到的使用者层面的问题。

第三个是生产者层面，就是你必须考虑到在现在已有的工艺当中怎么样去实现。在包豪斯风格时代，标准化、模块化是很重要的制造标准。但在今天，柔性的、小批量的数字化制造工艺正在慢慢改变这一原则。

第四个是拥有者层面，或者称品牌层面。我觉得这一层面会回答我们刚刚提到的很多问题。拥有者层面通常讲的是人和这个产品之间的关系。其实我更愿意把产品称作人造物，这跟自然造物不一样。人造物作为一个东西，和人之间有一种精神上的沟通，它能够体现主人的一种身份认同。一个人用LV的包，一个人用无印良品的包，还有一个用某个地方的手工包，我觉得这三个人分别属于不一样的族群，而包的拥有者其实是购买了超出包本身功能价值或者材料价值之外的很多其他附加值，而这些附加值其实满足了人的身份认同等精神上的需求。所以从这个层面上说，我们去购物的话，不是购买某种东西，而是要得到精神层面的回报。而这一部分对应的就是产品的品牌识别性，或是品牌的DNA。

开大众，开保时捷，开电动车或者骑自行车或搭载公共交通工具，这几种不同的出行方式也代表了不同人的身份认同与价值观。这个层面就是拥有者层面。可能这几样东西的功能都是差不多的，但是一个

杨明洁为壹基金“净水计划”设计的一款适用于农村儿童饮水习惯的水瓶。大小两个瓶盖是重要的设计创新点。它兼顾了不同年龄儿童饮水的人体工学与清洁的便利性，儿童既能从小瓶口喝水，也能通过大瓶口进行清洁。通过产品的外观设计，志愿者和教师可以提醒与引导儿童健康饮水的习惯。瓶口顶部的把手设计可增加挂饰或背带，亦可直接挂于课桌旁的挂钩上，更具便携性与个性化。

奥迪双色太阳眼镜。杨明洁设计作品。获日本G-Mark设计奖、德国iF设计奖。这是全球第一款可180度旋转佩戴的二合一太阳眼镜。此款太阳眼镜拥有颠覆传统眼镜的创新结构，取得国家实用新型专利及外观设计专利。镜框内设一片可上下旋转的“Y”字形鼻托，可整体180度翻转，有正反两种佩戴方式。太阳镜分为上下两块镜片，分别利用两种不同颜色的涂层，以适应两种不同的天气：茶色镜片能让驾车一族看清路线而遮挡反射光线；镜面镀膜的水银镜片则更多地吸收与反射可见光，适合户外运动。

杨明洁设计的Cassia空巢老人智能穿戴设备路由器与呼叫器。获得美国CES智能家居产品设计大奖。这是一款面向老年人的智能硬件。当老年人跌倒时，该机器在一定时间内会自动报警或按下呼救键，可使老人及时获得救助，避免出现生命危险。

杨明洁设计的Y支架家居与展示系统，是由一个“Y”形的细胞状单元体展开，进行自由组合、不断变化、无限生长的系统。数量不等的单元体可以组合成一个小凳、茶几、沙发、灯具、展柜，也可以在墙上生成一个衣架、置物架、屏风隔断，或者蔓延成一面墙体，甚至形成整间屋子或是一片虚拟的白色树林，呈现出一种纯粹、有机且颇具生长力与未来感的空间效果。所有的元件都可以拆分，根据使用者需求再进行重新组合，成为所需的任意一种功能模块，有着无限延展性，并符合可持续发展的环保理念。

消费者为什么选择这个不选择那个，当一个产品进入一个成熟阶段或者当一个人进入一个成熟阶段后，这个层面的理由其实非常重要。

第五个层面就是社会层面，社会层面是指很多设计应该符合可持续发展的设计标准。好的设计应该向公众传播一种正面的、具有社会启迪意义的思想。

所以从社会层面来讲，刚刚讲的满足用户和满足市场不一样。如果我们从社会层面来讲又会发现一个很有意思的现象：在消费领域，你会发现很多东西是过度设计。因为市场竞争很激烈，企业需要在市场上获得成功，就要不断推出新的东西，但这些东西是否都有意义，是否都符合社会层面的需求，有些企业就未必在意了。

这类产品是属于消费者能够自由购买的产品，这就会导致自由竞争，自由竞争就会导致不同的品牌之间想尽办法把这些东西推销出去。

还有一个领域有消费者不能自由购买的产品，比如说公共设施以及社会公益项目。我们跟壹基金合作，帮贫困山区的学校设计过一个洗手盆。这个洗手盆我们是用混凝土做的，不是很粗糙，是有颜色的。那些小孩要在盆里洗手，洗饭盆；有些住在学校里的，还要在里面洗衣服，这些基本功能我们都要满足。我们在设计时想过怎么样能够吸引那些小孩到洗手盆洗手，让洗手变成一件很开心的事情。所以我们在洗脸台上面做了一面比较卡通抽象的镜子。不管是山区的小女孩还是城市的小女孩，我觉得女孩子从小学就开始爱美了，喜欢照镜子打扮一下。如果把女孩子吸引过去，男生应该也会跟着去，这样洗手盆附近就变成了一个社交的地方，可能课余饭后大家都想去洗一下手，让洗手变成一件很开心的事情。

这就涉及一个话题：设计能否改变社会。改变社会有很多种方法，设计师的方法是什么？可能就是通过一个很巧妙的设计让人的行为发生变化，如果能做到这样的话就很有意思了。我觉得这样的设计是属于社会层面的，跟市场没有任何关系。这个领域往往是非常薄弱的，因为它不是消费者自由购买的，如果公益组织、政府没有想办法做出一些改变的话，那么再过5年或10年还是一样的。在国外，这块会比较成熟一点，有些公益机构专门去解决这样的问题，推动企业、政府去有效地利用社会多余的资金，改变一些类似的现象。

我刚刚聊的其实是大致解释了一下这五个层面的标准，这是非常理想化的一套体系，但在现实中有多少设计符合这套评价体系，是要打一个问号的。

还有一点，不同层面之间会产生矛盾，比如说我在做一个产品的时候，如果它是一个高端的品牌，那更多需要考虑的是拥有者层面。拥有者层面很重要的一点其实是品牌识别性，像奔驰、宝马、奥迪这些品牌，它们的品牌DNA是非常清晰的。如果我在为某个奢侈品品牌做设计的时候，有些设计的标准跟社会层面的标准发生冲突。这背后其实是人类贪婪的欲望与我们有限的社会资源、地球的资源之间的一个矛盾。

现在我们很难用一种标准去制约所有的设计。例如从环保的角度来讲，现在大部分企业生产的打印机、手机或者汽车，它们的报废年限其实大大缩短了，这些都是被企业人为设置的。以往一辆车可以开100万公里或者一个手机用10年是没有问题的，但是今天有的部件到了某个时候就不行了。这样的产品设计有非常深的利益驱动。

殷智贤：你说的这五个层面让我想起“设计十诫”[1]。这里面有设计伦理的问题，如果你认为你对这个社会负有责任的话，就应该减少这样高能耗的设计。

杨明洁：对。我在寻找合适的伙伴时，会尽可能地把这样的想法付诸实践，但是在这个过程当中就会碰到很多问题。

2018年“探索家：未来生活大展”（CHINA HOUSE VISION）中杨明洁设计的“绿舍”。室内使用的水能源是对剩余能源的再利用。系统将空气中的水分以冷凝水的方式收集起来，灌溉花草和蔬菜，在各地出差或游玩的家人可以通过远程监控系统照顾家中的绿植，分享蔬菜和花草生长的实时信息，创造共同的话题。这是针对时下能源危机、人际疏离等多重社会问题设计的未来之家。

1.“设计十诫”：由德国工业设计大师迪特·拉姆斯（Dieter Rams）在20世纪80年代提出，为很多当代设计师所认同，并以此作为评价设计好坏的依据。内容包括：好的设计是创新的；好的设计是实用的；好的设计是美的；好的设计能让产品自己说话；好的设计是谦虚的；好的设计是诚实的；好的设计是细节周到的；好的设计经得起岁月的考验；好的设计是关怀环境的；好的设计是简洁的。

殷智贤：我们看到这几十年，极简风被越来越多的人推崇，有识之士意识到穷奢极欲会对我们的生活处境造成极大的伤害，但人类又追求更高的生活品质，您觉得极简和简陋有什么不同？

杨明洁：我们通常觉得是包豪斯风格那个时期开始奠定了极简的风格，适应了工业生产的核心需求。如今日本人又把极简的东西做得很好，包括美国人做苹果手机，苹果手机的设计理念是源自德国的布朗，这其中其实都有关联的。当然日本的极简风格可能还不一定是跟包豪斯风格有关系。

殷智贤：跟包豪斯风格没关系，应该跟日本的禅宗有关系。

杨明洁：关于日本的极简风格，我想补充几句，它与德国的极简风格是有所不同的。2016年，我应日本外务省之邀，开启了一段特别的日本设计发现之旅，专程到京都寻访枯山水的起源。接连走了三座寺庙：龙安寺、大德寺与高台寺，均为佛教禅宗寺庙。其中最严格意义上的枯山水是龙安寺方丈庭院：以石为山，以砂为水，故为“枯山水”。枯山水是繁荣世俗表象的反面，它代表着一切变化下那永恒的寂静，是一种寂静的美学。在大阪我拜访了日本当代著名工业设计师村田智明先生，我们的对话从400多年前千利休的茶道开始。受禅宗影响，茶道主张“侘”与“寂”之美，坚持一种未完成的、静寂的美学。当代日本设计多少受其影响：深泽直人的八分目、村田智明的火柴灯、安藤忠雄的清水混凝土……这些与枯山水的意境亦有关联。

而源自包豪斯风格的德国极简风格，此极简非彼极简！

目前中国的很多消费者对于极简的东西不一定能接受，反而是如果产品上多一点东西，更热闹一点，他们更能接受，因为70后之前的消费者的价值取向是『我要看得到，我要摸得到，我能真实感受到堆砌在上面的东西才是有价值的』。

我在想目前中国的很多消费者对于极简的东西不一定能接受，反而是如果产品上多一点东西，更热闹一点，他们更能接受，因为70后之前的消费者的价值取向是“我要看得到，我要摸得到，我能真实感受到堆砌在上面的东西才是有价值的”。

殷智贤：还不是堆砌，这个词可能会让别人误解为它们只是简单的物理叠加，在我看来还不是。而是如果你不给他提供这种形象，他没有办法从自己既有经验的数据库里面调出相关的数据，那么这个东西和既有经验之间怎么连接呢？这是目前很多中国消费者接受极简风格时遇到的一个困难：无论是对西方语境下的现代审美，还是对中国古代士大夫阶层的审美，都非常陌生。

杨明洁：他无法想象你做的这个极简风格的东西到底是个什么东西。

殷智贤：对，就是当你把这个东西做成西方式极简时，这在目前大多数70后之前的中国人的经验之外。这种极简设计究竟对于他的生活意味着什么，能带来什么价值，他判断不了。但是如果给他做一个具象的东西，这个判断的经验他是有的，例如如果他家里面的家具上多出一朵花或者多出一只鸟，能让他的居室或者让他的客厅有些什么变化，这个他判断得了。他有这方面的经验。

杨明洁：是不是有两方面的原因？中国人喜欢这样更加丰富一点的东西，一方面的原因是中国没有经历过工业革命，所以还是保留手工艺时代或者是农业时代的这种审美习惯。另一方面，不少中国人没有什么安全感，只有把一个家布置得琳琅满目，全都是花花草草，通过拥有这些才能获得某种充实感。因为中国人有很长一段时间过得穷苦，我们上一辈有很多的人喜欢收集东西，一些根本没有用的东西却不会扔，他们觉得拥有这些东西就很踏实，很满足。是不是跟这个也有关系？

殷智贤：应该是有关系的。不过不能说中国历史上没有抽象艺术的传承，现在有人将乔布斯的苹果手机所达到的极简美和宋朝的极简美相比，

杨明洁与羊舍的设计团队尝试用虚拟的蜂窝状“Y”支架系统取代了苏州园林中的假山石与花窗。可以自由塑形的白色支架营造了交错叠嶂的假山石，同时，层叠通透的效果也很好地体现了石洞与花窗所能产生的移步借景的效果，再配以黑色支架由密到疏的渐变穿插，增强了虚拟假山石的立体阴影。以虚为实，以物易景，结合真实的园林连廊、水景青苔、古井红枫、粉墙黛瓦，由此诞生了一座超现实主义的羊舍“虚山水”庭院。

羊舍扶手椅：榫卯的重构。获美国IDEA设计奖。榫卯是中国独一无二的传统家具制造工艺。该作品将传统榫卯工艺重新建构，选用燕尾榫结构将不同角度的靠背、座面、扶手斜角拼接为折纸状的整体构架，诞生出一种新的坐具体验与颠覆传统的视觉语言。在椅面与靠背上，设计了符合人体工学的三维曲面，使人在就座时有良好的体感。亦可覆盖毛毡、皮革等软垫，实现不同的软硬度。同时椅腿也可更换木质与金属两种不同的版本。体现了以解构传统建构当下的设计理念。

盛赞我们祖先的美学品位曾高居世界巅峰。这种自豪感其实是有充分理由的，只是我们刚才谈到的现象一定程度上受清朝审美的影响。清朝的美学品位一直遭文人诟病，不要说和宋朝比，就是和明朝，也不具可比性。

杨明洁： 宋朝文人的这种审美修养其实需要一段时间的积累，各方面的条件都具备了才可以，就好像明代的榫卯家具与园林，是文人写意精神与工匠水准都达到了某一个程度后，才能合作出来的作品。

殷智贤： 对，所以你看宋朝的美学崇尚极简，一个国家极其富有——从物质到精神，根本不怕别人说自己崇尚极简是寒酸，但穷人会怕。

杨明洁： 对，我这个屋子里面干干净净什么都没有，因为我内心很丰富。

殷智贤： 得有这个自信才敢玩极简。但是你看清朝是游牧民族入关，当时满族人在文化上是非常自卑的。清朝的美学（除了雍正一朝）对明朝的就是一个颠覆，什么都做加法。一个没有什么文化自信的民族希望赢得别人尊敬的时候，都是通过在物质上的过度表现来“刷”存在感。

西方人现在根本就不承认中国当代的设计。第一，他们还没有看到一批成规模的中国好设计涌现出来。第二，『山寨』已经伤害到了一个国家的品牌形象。

殷智贤： 说到极简，到底什么才算极简？

杨明洁： 从形态、使用方式以及背后所依托的深厚哲学看，跟刀叉比，筷子绝对是极简。筷子很早就有了，那个时候中国的智慧就达到了这种高度，到了今天为什么就这样了呢？

殷智贤： 这点就很有意思。欧洲人16世纪才不再徒手吃饭。学术界有一种说法，说西方的历史是一部进化史，无论是生产能力、制度设计还是价值观的完备程度，现在确实比过去强，而中国的历史更像是循环，这是两种社会变迁模式。

杨明洁：就文明程度而言，如果是讲离得远的时代，我们有我们值得自豪的地方，讲较近的明代，也是让人骄傲得不得了。明代家具的榫卯结构是西方的家具没法比的。

殷智贤：那个思维方式和技术简直就是震撼。但这场大循环已经转过过山车的顶点，现在是从底往上爬的过程中。

杨明洁：首先我们得有一个很好的心态：我们要往上爬。比如如果我们以西方人的视角来看中国的设计，西方人现在根本就不承认中国当代的设计。第一，他们还没有看到一批成规模的中国好设计涌现出来。第二，“山寨”已经伤害到了一个国家的品牌形象。

单品或许可以看到一两个设计师，但一两个是不够的，不足以代表一个国家的设计水准。

要想有一个获得全球承认的国家设计水准，首先这个国家必须有一个非常成熟的产业基础。我们看美国的设计，它的电子产品全世界领先，这是基于它有全球最大的互联网产业规模。所以美国的汽车做了这么多年都超不过德国的，但是特斯拉一问世可以在全球获得影响力，获得地位，苹果手机也是这样，因为它们是从一个新的产业——互联网切入的。这一点，德国人就不行了。美国另外一类就是大众流行文化的东西，像好莱坞与可口可乐。

殷智贤：还有时装，美国的时装这些年在全球的影响力也是迅速上升的，原来都是欧洲垄断了时装市场，现在美国在这方面势力很强大，都是有美国流行文化和高科技在做依托。

杨明洁：而讲到家具，为什么我们会先讲意大利？日本人的家具我们不认，美国的家具我们也不认。以一个更加专业的标准来判断的话，一讲到家具就先想到意大利，很大一个原因是意大利现代家具产业脱胎于传统手工艺。在意大利，像B&B这么大的家具集团还有很多，这些家具集团的很多家具都是在意大利的那些小镇里面完成的。这些小镇里面聚集了有上百年历史的作坊，这些作坊一代代传下来，有些专门做皮具，有些专门做金属件，做得很精致，存在这么一个制造体系。

我们得放到国际舞台上去看一个国家的设计。一个好的设计一定是自然而然诞生的，它不是组织出来的，说“我的目标就是要做一个中国的设计”，于是就能做出好设计了，不是的。我觉得现在有很多设计上的民族主义。

因为中国没有经历过第一次工业革命和第二次工业革命，导致了中国的代工和“山寨产品”。我们可以把东西做得很便宜，而且品质还不错。加上互联网，商家可以在互联网上把这些便宜、品质还不错的东西拿去销售，不讲知识产权，不讲原创，不讲价值观，但是这样不会让人承认中国的设计水准。

从这个角度来讲，我们可以看到日本的无印良品。无印良品也是做了30多年，从一个杂货铺慢慢变成现在这样，而它的确是有非常强烈、清晰的设计理念的。但在中国，目前还看不到这样的品牌。从这个角度来看，我们要在国际上获得认可的话，我觉得不是看几个设计师的作品到底怎么样，那样真的完全不足以去支撑这么大一个国家的设计实力。我们必须出现一批类似无印良品这样的品牌。

殷智贤：这里面有个问题就是刚才谈到的，中国因为没有经历第一次工业革命和第二次工业革命，它的制造能力直接和互联网技术快速连接上了，并且可以借助互联网平台迅速换来价值，这让一些人产生了很强烈的错觉，好像不需要退回去补课了。就像如果没有大学文凭也能找到工作，有些人就不会意识到自己需要接受高等教育其实是一个道理。

杨明洁：但这里面大量的产品其实都是垃圾。

殷智贤：是，但既然现在不用通过原创设计，也就是说对于设计的思考没有原生性的思维，也能制造出产品，也能将产品卖出去，消费者都买这种非原生思维下制造出来的产品，最后和“山寨产品”的商家似乎

意大利知名家具品牌natuzzi邀请杨明洁设计了多功能家居系统T-BOX。基本模块由一个400mm x400mm的方形模块构成，是一套基于模块化、标准化的构件，可自由拆装，实现多种功能的家居系统。方形模块由一套模具一次注塑成形，内部设计了一个巧妙的T形支架，增加了单体的强度，并可以用作把手，轻松搬动。单独使用时，可以是一个茶几、矮凳或者搁架。组合使用时，可拼装成任意尺寸的书架、电视柜或者屏风，而随机变换方向的T形支架构成了一道梦幻般的有机画面。

形成了一种共生关系，大家都共同维系这种关系。如果我们在这样的文化状态下谈推动中国原创设计的发展，中国应该建设自己的原生性思维，那不是没必要吗？

杨明洁：肯定是有必要的。我们再讲日本，日本很多传统工艺是按品类集中在某一个地区生产的，这些东西的品质都非常高，而且很多都是有蛮长时间或者品牌历史的，都是一代代传下来的工艺。在中国，很多像这样的工艺都断掉了，日本的很多传统手工艺其实是从我们这边传过去的，但是你会发现它们的工艺、设计、审美等等都在不断进化，而在中国却都没有继续发展。这样导致一个什么样的结果呢？

维基百科上对日本职人精神的描述是："追求自己手艺的进步并对此持有自信，不因金钱和时间的制约扭曲自己的意志，或做出妥协。对自己能够认可的工作，一旦接手，就算完全不顾也要使出浑身解数去完成。"

日本真的有这样的人，一个家族不知多少代人就这么做下来。那我们中国做还是不做？还是得做，而且只有众多企业和设计师都这样去做了，我们才能建立一个尊重原创、尊重品质的良性市场。

不能因为看见有一头猪在天上飞，大家都去做猪了，还是踏踏实实先把人做好吧！

这里面我觉得涉及一个价值观的问题。这是一种信仰式价值观而不是一种功利性价值观。中国现在太多人是功利性的，只要那件事有利可图就立刻去做。所以中国人眼中的英雄是马云，因为他有钱，就认他为英雄，这完全是不对的。

殷智贤：我们说一个人是不是英雄，应该是看他有没有对这个民族的精神价值、社会进步做出过有益于可持续发展的崇高的贡献。现在很多坊间推崇的成功人士积累的财富并没有惠泽于民，他们所提倡的很多价值观也贻害无穷。"功"在汉语里有确切的语意：于国于民的长久发展有卓越贡献。若只是利己，只为牟取短期利益，再有钱有名也不应算成功人士。

殷智贤：我刚才问您那个问题，我心中的思考是中国即便再模仿，也只解决了生活中的一部分问题，而有一些在西方人生活里不存在的问题，在中国人的生活里是存在的，这样你无法通过抄袭西方来解决自己的问题。如果我们自己不去思考，这些问题就解决不了，我们就要一直和这些问题共处，我们的生活品质就不用谈提高了。

杨明洁：从这点来讲，我觉得现在的西方人也是看不起现在的中国人的：第一，看不起中国的设计师和中国企业做出了“山寨”的东西；第二，看不起中国的消费者能接受这样的东西。第二点可能是他们更看不起的。

殷智贤：是。所以说从这个角度上来讲，如果我们面对自己生活中的问题不自己主动去思考和解决，而只是说模仿或抄袭别人而已，能过成什么样就过成什么样，就变成典型的得过且过。

杨明洁：针对这点，我觉得我们的设计需要有一个很完善的批评体系。我觉得这部分的价值非常大。还有一个问题是中国的知识分子能够发声的渠道很少，而很多民众还需要启蒙，要做很多普及教育。

例如传统手工艺当中有很丰富的材料和工艺结合的处理方式，有独特的人文内涵和美学价值，还比如建筑和家具的结构、工艺，或者生活美学上的意境，我觉得都是可以去学习和探讨的。比如苏州园林的造园法则，我觉得是非常上乘的一种美学构成方式。

殷智贤：还是跟后期造园者的修养有关系吧，比如拙政园，我不认为是最好的，它就是显得阔气，花样多，园子的主人很多都是名流，名气够大。它的整个创作空间也大，但就不是很细腻。我更喜欢的是扬州的退思园，因为空间比较小，尤其考验造园者的细节处理能力。说到造园能力和对意境的打造能力，得说说日本。日本人对造园铺的石头显示出来的色温都要仔细斟酌，例如在这里要放五块石头，而这五块石头的色差带来的色温是不一样的，连这样的细节他们都会仔细斟酌，而不是说只要这个地方的结构是对的就算完成了。这些标准和经验，师父会传授给徒弟，徒弟在跟随师父工作的过程中也会积累这些经验，奉行这些标准。

如果说造园者细致到这种程度，即使你不懂造园，可是当你进到那个园林里，设计师所下的那些功夫你都能清楚地感受到。

我还想问一个比较具体的问题。刚才您谈到您在德国学到的设计思维，很重要的一点就是每一个设计的生成必须是有逻辑的，有理由的。可是其实有很多逻辑可以催生出同一种需求下的设计。比如说喝水作为一种需求，为了造出一个可供喝水的工具，其实有很多种逻辑可以选。那么作为一个好的设计，怎么在多种逻辑里做出选择？

现在有很多年轻设计师已经做过一些尝试，但是你会发现他们做的这些不是像北欧的设计就是像日本的设计，我不知道我们有没有机会去做一些更新的东西：它们看上去不再像哪个非常成熟的设计，但它们是符合中国人生活方式，能让我们有身份认同的。

杨明洁：我觉得是这样的，我们刚刚讲到有五个层面的标准，从观察者层面到使用者层面、生产者层面，再到拥有者层面和社会层面。这时候我们再往下想就是这样的：我们去面对用户的时候，我觉得设计的一个根本目的就是去解决用户和产品之间或者是人和物之间的问题。科学家解决的是物和物之间的问题，设计师或者建筑师解决的是人和物以及人和环境之间的问题。关键是如果我们要设计一个人造物，我们给谁设计？

我们讲到拥有者层面的时候，其实考虑的不是一个个体的人，而是一个族群中的人。比如我们刚才讲到三个人——一个用无印良品的包、一个用手工的包和一个用LV的包，如果明白了这三个人是属于不同族群，那再进行设计的时候又不一样了。为什么无印良品会有很统一的设计思路？不管是椅子、桌子或者是其他的东西都是同一种风格，因为它很明确地针对一个特定的族群。无印良品和意大利的沙发都是可以坐得很舒服的，它们针对个体的时候解决了这些问题：垫子的软硬度，扶手的高度，都解决好了。但是它们最终呈现出来的风格是不一样的，因为面对的是不同族群的人。

我们讲到社会层面时，可能在之前还有一个国家层面。当我们去聊设计的国家层面的时候，它会成为一种需求，消费者或者其中某一个层面的消费者会有这种认知。全球华人对自己身份认同的焦虑在设计上会有所体现——当我们在世界各地购物时，在无印良品可以买到日本的生活方式，但是我在哪里可以买到中国的生活方式呢？目前没有。所以这个时候就有很多消费者会去寻找。

我觉得这个问题就涉及设计的国别性，这不应该是刻意而为之的，应该是一个国家内在的需求。就好像法国人为他们有卢浮宫、LV的博物馆、巴黎而感到很自豪。中国人的自豪感从哪里来？如果我们从文化的角度来讲，会体现在很多层面，我们的文学、设计，这些其实都是一种载体，可以实现我们的一种身份认同和自豪感。但是如果我们在设计的时候要去明确地表达一种中国意境，这时候它跟成本或者使用层面其实是有点对抗、有点矛盾的。

讲一个更大的层面就是社会层面或者说地球层面。我们的地球资源已经消耗得太多了，好的设计怎么样去遵循一个可持续发展的设计策略呢？我这些年一直在思考产品跟人的关系，如果我们要去满足用户的话，首先这个用户的定义是会发生变化的。他可以是个体的人，可以是一个族群中的人，再往大的层面，是一个国家层面上的人。比如服装，作为个人可以不去考虑它的品牌，它的文化背景，只要穿着舒服就行了，但是到了族群乃至国家层面，就不一样了，如果我们在设计当中能考虑这些，那么这个逻辑就会发生变化。

现在有很多年轻设计师已经做过一些尝试，但是你会发现他们做的这些不是像北欧的设计就是像日本的设计，我不知道我们有没有机会去做一些更新的东西：它们看上去不再像哪个非常成熟的设计，但它们是符合中国人生活方式，能让我们有身份认同的。

殷智贤：你希望自己做的设计不像谁的话，只能是你不像那个人那样思考。日本人的思考方式和欧洲人不一样，所以他们做的东西怎么样都不可能和欧洲人的一样。我们如果没有自己的思考，模仿完欧洲人再模仿日本人，那么我们做的东西不是像这个就是像那个，这是必然的。

杨明洁：在中国的家具里面，有一件家具可能很少人会提到，就是板凳。我的作品：板凳上的风景。这件作品其实也是带着一种探索的目的，想去在板凳上面做一些突破。当然我并不是说一定要去做一个中国的东西，这个东西做出来算不算中式不是我考虑的，我是想在这个结构上去寻找可能性，我觉得是一次尝试。

首先，板凳从古至今，一直有人使用，是一件很民间、很普通的家具。有如此长的生命周期，一定是一个好设计，就像筷子一样。板凳的结构其实是一个很好的支架系统，可以满足很多种使用方式，可以一个人坐、两个人坐，可以放杯茶，可以对坐下棋……我在板凳上面做一个桌子和一个靠背，使用者就可以把它当作一个小型的工作台，还尝试了其他的可能：它可以是双人的，可以坐在这边换鞋子，也可以是一个简易衣帽架，或者是一个更加完整意义上的衣帽架，也可以变成一个茶几……新版本“边上的风景”在座面与靠背上做了改进，同时在边上延伸出了一个功能模块。希望用户在使用的过程中更为舒适与便利。

"板凳上的风景"家具系列设计概念源自中国明代的一张板凳。无论从视觉、结构还是功能上来说，这张板凳都是一件目前还被广为使用的优良产品。板凳本身可以视作一个完美的支架系统，在此基础上增加了座椅、扶手、靠背、抽屉、桌子、台灯，甚至化妆台、衣架和书架等的功能，从而演变成一套符合现代人生活方式的全新家具系统。

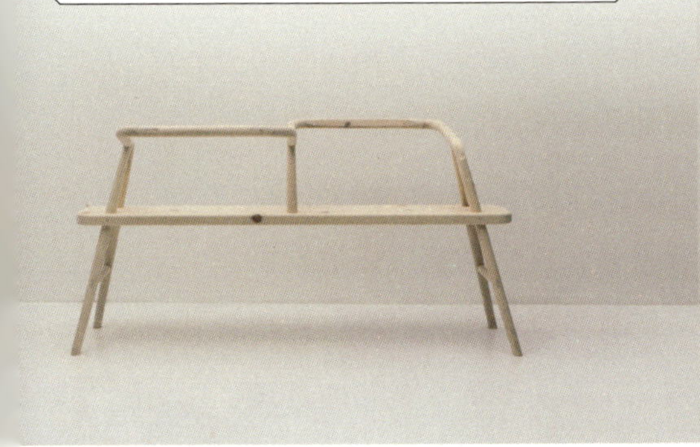

我不知道你会怎么来看这些作品，如果今天坐在我对面的是一个家具企业的老板，他可能会笑话这种东西。可能批量生产也有问题，卖出去人家也未必理解，但是对于我来说，目前这个阶段我想做的更多是一些能回答上文所提到的很多问题的东西。我现在最怕听到的是一些中国设计师的看上去不错的设计作品被评价为：这个设计很日本，或很北欧。东方最好的设计已经被日本垄断了吗？中国设计应该有机会！

殷智贤：我明白。我觉得可以举另外一个例子回答您刚才问我怎么看这组作品的想法吧。山本耀司的衣服其实不是很好穿，但是他为什么在世界上能有那么大影响力，而且他被很多设计师视为导师，很多设计师都说“我的设计受到了山本耀司的启发”，为什么会出现这种现象？其实真正穿山本耀司设计的衣服的人不是特别多，但是山本耀司在两个层面上确实是做了卓越的贡献：第一是重新思考服装和人之间的关系，事实上他的设计对西方塑造的服装与人之间的关系有一个突破，让我们发现服装和人原来还可以建立这种关系，这个确实可以启发很多从事时装设计的人；第二他确实创造了崭新的穿着体验，有些人把这种体验命名为先锋另类之类的，这些词其实都不准确，重要的是这些体验如果你之前从来没有经历过，你就很难相信你原来可以有如此的体验。

杨明洁：这个话题就回到前面我们说的：还要做吗？有意义吗？

殷智贤：你问我对你的这些设计怎么看，无论你的产品能卖多少，如果你果真是从一个新的视角思考人和家具之间的关系的话，那么这种思考就会启发其他人以后做一个杯子或者一个勺子的时候能重新看这种关系。另外，假如我用了您的东西，这个东西会给我带来什么样的新的生命体验。例如之前我用的勺子的温度都是低于我的体温的，而我这次拿到一个勺子，它的温度跟我的体温是一样的，这对于我的进餐感受又意味着什么，事实上这种启发性始终都是需要的。

作为一个消费者，购买一个产品的时候，会关注到哪个层面，会选择什么样的设计，什么样的设计是有价值的或者是友好的，这些也会反作用于设计师，使设计师在设计创作的时候能兼顾更多维度的价值。但是现在我很想探讨的一个问题是消费者的设计修养怎么能够提高。中国现在有很多的“山寨产品”，应该说作为普通消费者，在国内所能接受到的设计熏陶是很有限的，通过出国购买日本产品、法国产品、美国产品，他们或许能体会一下好设计，但是事实上他们仍难以识别好设计和差设计之间的价值差异。

杨明洁：我身边有很多人其实已经达到了这个境界，就是会拒绝很多低品质的东西。所以我觉得一个人的眼界和收入达到一定程度的话，他一定会去做出更好的选择，而且也有很多人会问中国的好东西在哪里，如果有，他们一定愿意花钱去买，但问题是没看到或者看到的很少。

殷智贤：应该说中国进入现代社会没多久，让消费者能够体会出设计的价值是有难度的。有些人不会看，但会问：“这个杯子和那个杯子有很大差别吗？看起来没有那么大差别吧？为什么我要多付两倍的价钱甚至三倍的价钱？”作为个体来讲，他肯定要考虑商品划不划算。如果中国的设计师可以和公众多一些交流的话，可能会启发他们从更多的层次和角度来理解和欣赏设计的价值。我觉得这样的话可能会推动好设计在中国发展的进程。

个人形象篇

穿衣方式的背后是文化在用功

每个民族都有勾画自身形象的方式，其他民族通过这些符号系统识别不同民族的文化差异。

中国自有文字记载以来，服饰的变化呈现了王朝更迭、历史演变的内涵，影响华夏民族服饰变化的地域半径和文化半径总体处在持续扩大中，直至近现代，我们的形象塑造的源流越出了亚洲大陆，直抵欧洲，后又吸纳了以美国流行文化为代表的现代形象。多年来，纯粹带有中国传统农耕文明记忆和气韵的服饰除了遗留在乡村中或出现在特别的庆典场合，很少出现在中国都市人的日常生活里。

近年来，随着国学的兴盛，关于中国人新形象的探索开始起步。

新的国人形象究竟要承载哪些文化价值？什么样的表现形式才是适宜的？我们对色彩应该怎么理解？我们对服饰和身体的关系应该怎么处理？我们要运用哪些资源来完成这种表达？所谓穿衣方式的背后其实是文明形态的影响。目前的生产体系、传播渠道和社交环境对上述问题的认知还处在一种模糊和碎片化的状态，我们还没有形成体系化的关于穿衣态度和穿衣风格等等的认知。

在这场探索中，我们看到了多种价值观的表达，也看到了不同审美标准下的作品，大家尝试过探索人类服饰文化里提供过的人与服饰之间的各种关系，至于什么才是更好的答案，我们还需要对服饰有更具深度的理解和更高的驾驭能力。

所谓三代穿衣的修养不是“修”出花钱的阔气，而是“修”出会穿的分寸。这种分寸包括正确的价值观、审美的修养和善于借服装恰当表达自我的功力。

在塑造新的国人形象的探索中，梁子贡献了她的一个答案。她恪守着匠人本分，从中国传统面料莨绸（又称香云纱）入手，着力发掘其适合现代生活的表现力，这是一种扎实而朴素的功夫。凝结在莨绸面料中的中国气质——与自然合一、含蓄内敛、贵而不骄等等，在她的设计中被充分展现，在物质主义甚嚣尘上的风潮中，这是一种富有定力的坚持。而这种坚持最后能孕育出什么样的结果，并非我采访梁子的初衷，我关心的是她对这种价值的信念能否启发更多的人沉下心来，去做一些真正有深度的工作。

当我们说这个人有修养时，也是在说，这个人能在一件事上用心琢磨多年，而不是随波逐流，急功近利。

> 我们的设计表达了属于中国人的文化定位、民族定位和在国际上的定位，就是非常内敛、低调，但是又有档次。

殷智贤：在孔颖达《春秋左传正义》中有这样的解释："中国有礼仪之大，故称夏；有服章之美，谓之华。"中国历朝都高度重视服饰的文明意义，所谓"一代一冠服"，服饰被用来传递价值观，标识社会秩序，明确社会身份，确立本朝的审美观，借此塑造着不同的资源分配体系、生活方式乃至国民性。

作为中国本土培育出来的一名服装设计师，以您的情怀和对中国文化的理解，加上您在中国市场上打拼20多年的商业经验，您怎么看待当下中国人在穿衣方式上的诉求？他们会更看重服装带给他们的哪些价值？

梁子：要看不同的人。我觉得首先是自我审美的满足：我喜欢我自己是个什么样子的，我应该穿什么风格的衣服。这样才能塑造内心想塑造的形象。但是可能因为中国人比较在乎别人的眼光，基于社会角色的限制，觉得"我是干什么的，我就应该穿成什么样"，这样想的人会比较多。

殷智贤：面子好像确实是影响很多人消费的一个重要因素，服装毕竟是人的一张身份名片。

梁子：我自己觉得穿着舒适是摆在第一位的。有的人可能觉得"我要穿得很新奇，很独特，够潮，够酷"。这就是一个价值观的问题了，他们会觉得这是他们的美，觉得那样才能在人群中更加突出自己。所以我觉得人分很多类，不同的人对这些价值的排序肯定不一样。

殷智贤：我观察到有些人因为非常希望引人注目，很有可能在冬天穿露背装。我也看到有一些人在收入有限的情况下，希望买一些看起来高档的服饰，于是他们会穿那些仿名牌的服装，这些服装的做工、面料多少都有些问题，例如甲醛超标，而且不亲肤，但是款式看起来好像很大牌。这些衣服能卖出去是因为有人会消费，像刚才您说的，因为每

在日出前，将染好的布料铺在沾满露水的青草地上，布料吸饱露水和青草香，会变得格外柔软，然后，匠人们再将无污染的小河塘泥涂抹在布面上。这样，在露水的蒸腾中，薯莨汁与塘泥相互渗透交融，莨绸的油润光泽也逐渐显现。正反异色的莨绸，黑色一面微闪光泽，咖啡色一面如陶似瓦，晒莨工艺加上洗水工艺使它产生斑驳的龟裂纹理。莨绸散发出淡淡的植物清香，手感滑润，清凉护肤，并且越洗越柔。世间没有相同的两匹莨绸，因为经过“三洗九蒸十八晒”的手工制作，每一匹莨绸的肌理都独一无二。

梁子创立的天意品牌的禾雀花开系列。在这组设计里运用了刺绣、水墨印染、渐变色等等多种不同的手法，使服装的肌理、色彩和图案更具层次感，打破了莨绸色彩单一的局限性。

个人看中的价值不一样。我观察到在中国还有一个现象，尤其以中年人为主，他们说：我只要舒服就行，不注重审美。所以虽然看着很邋遢，但是他们自己觉得放松；看着不讲品位，但是他们觉得那样很自在，所谓审美或者说在公众面前的形象基本上快被抛诸脑后了。我很想听听您对于舒适和健康以及得体是怎么理解的。

梁子：对我来说，在设计的时候就把健康舒适和审美融在一起了，要用健康舒适的面料来做非常有设计感的、非常漂亮的衣服，这两者不能分开。这样，选择你设计的衣服的这个人，就不会不顾社会形象，只管舒适了，也不会为了漂亮而让自己穿着很难受，因为设计师都为他考虑好了。

首先从选材上，我们这么多年主推莨绸，是因为莨绸的原材料和生产过程都能确保它是天然环保的，对皮肤还有保健作用。有些为了美而让人穿着不舒服的服装我们也见过，有些非常大的国际品牌，他们使用的一些面料是有化学材质的，你会觉得皮肤有被扎到的感觉。

对于大多数消费者来说，选衣服和我们这几代中国人从小对着装审美的重视程度有关系。现在六十岁以上的人，很多还是吃饱穿暖就行了，大多数人没有经历过现代审美的熏陶，他们甚至觉得你要去挑三拣四，是太追求享受了。所以受成长环境影响，那时审美的基础没那么好。

现在的年轻人见多识广，对风格和审美开始有意识了。不过在现代社会里长大，年轻一代多少还是受到一些父母一代的影响。不同的家庭有不同的价值观，比如有些人虽然没有多少钱，也要把自己打扮成很有钱的样子，有的人很有钱，但会把自己打扮得很“实惠”。

殷智贤：说到得体，除了解决保护身体不受寒冷、潮湿、灰尘、细菌、虫子伤害等的问题，其实服装还有一部分价值是它的社会化功能，服装基本上是人的第二张脸，是别人识别你的形象的一个途径。这时候就会有一个问题，作为设计师来讲，通常您设计作品是要给消费者一个理想形象，他看到这个服装会想象这是自己比较满意的一个形象，那么您希望给消费者提供的形象是具备什么特质的？

梁子：我觉得对于这一点，我还是非常明确的：穿起来很有气质，很自信，很高贵，具有女性的魅力，且女性化中带点东方韵味，简洁时尚。那些见过世面，也穿过很多国际顶级大牌的中国人不一定只会去追随国际大牌，他们会寻找自己心目当中想要的定位，尤其出国久了的人，他会特别想要告诉世界：我是中国人。越是在国外，你会越想展示中国人最好的一面。我们的设计表达了属于中国人的文化定位、民族定位和在国际上的定位，就是非常内敛、低调，但是又有档次。

殷智贤：我看您这几年的作品的一些设计意象或者意境，是从中国水墨画和中国古典园林里获取了一些美学资源，比如您的一件作品面料的图案就很像是太湖石上面皴出来的那种明暗的变化。在您的理解中，作为一种有代表性的东方意象可以被国际市场接受的潜力有多大呢？

梁子：我确定这种感觉的时候并没有去想那么多，首先是自己喜欢。当设计出来之后，市场证明这是具有世界性的。我觉得现在国际上很多牌子的设计受中国元素的影响非常深，像水墨渐变效果的衣服，最近两年巴黎的很多品牌里都出现了这种意境的设计。我一看就觉得很亲切，其受我们中国元素的影响非常明显。西方设计以前都强调色块，是很硬朗的感觉，像这种柔和的、带点东方韵味的东西，是这几年才有的。他们或是用龙的图案做设计，或是把水墨效果搬过去，这些都是受到了中国元素的影响。

我个人没有成立公司的时候就开始用中国元素，包括平面结构、中国色彩等。我比较感性，不会很理性地先去分析国际上会喜欢什么样的东西，我是先找自己喜欢什么东西，比如什么东西触动了我，这

2012年金顶奖设计师联合秀演。好的设计不在于要用很多种语言，而在于用一种语言能把话说到一定境界。仅仅是黑白两色，多少设计都没有穷尽它们的可能性。高级的设计不是喋喋不休，而是语言简洁，内涵丰富。

一系列的设计元素我想用什么，有时候这可能是一个有形的东西，有时候也会是一个无形的东西。

殷智贤：现在中国在世界上的影响力也慢慢变大了，中国消费者也几乎买遍全球，事实上很多西方品牌为了做生意，也会考虑迎合中国市场，迎合中国消费者的需求，就像您刚才说的，他们也开始使用一些东方元素。就您的观察，西方人眼中的东方元素和您作为一个中国设计师，对于东方元素的理解有什么差别？

梁子：我觉得西方人对东方元素的运用，通常是非常直白地运用一些图案或者文字，只是把这些元素嫁接到西方的造型里面，他们更加明确用那些有形的东西。而我理解的东方元素是有形和无形的结合，比方说一个小立领、一个盘扣、一个东方元素的图案，或者说那些传统纹样，都是有形的东西，我肯定不会回避去运用，但是还会考虑怎么艺术化地去运用或再创造，尽量不照搬传统的东西，而是从那些传统元素里得到灵感，然后运用到设计当中。

无形就是一种意境、一种韵味了。例如我用的是中国传统面料，像莨绸，之前世界其他地方都没有，只有中国有。看到面料的光泽你会想到中国20世纪50年代的生活，虽然款式不一样，但还有一种情调在——一种中国式慢生活：我穿这样的衣服，就是要在一个很舒适、雅静的茶室里喝茶，跟朋友们叙旧。那种面料的质感会让人联想到那样一种生活方式。你也可以穿着它去参加西式的晚宴，你在那种场合里肯定是与众不同的——你虽然穿的是黑色的、不那么显眼的莨绸礼服，但是它透出的幽幽光泽，让人感觉是很有分量的低调的奢华。

> 西方人对东方元素的运用，通常是非常直白地运用一些图案或者文字，只是把这些元素嫁接到西方的造型里面，他们更加明确用那些有形的东西。而我理解的东方元素是有形和无形的结合。

我觉得很多西方面料不能够体现这种韵味，它们可能很亮丽，很耀眼，但是不够耐人寻味，相反，这恰恰是中国元素无形的价值。所以在我看来，塑造中国气质是要用有形和无形的中国元素、中国味道结合时尚的现代生活所需要的服装造型去设计，而不是纯粹的中国传统服装，也不是纯粹的西方的服装，是有自己内在气质的中国服装。

殷智贤：我还关心一个问题，这些年有很多设计师也都转向做"新中式"的服装设计，造型上大都设计得轻飘飘的，图案也带点水墨画，例如竹子、荷花这一类……从设计观念到设计手法，含蓄点儿叫趋同，直白说就是抄袭，大量的抄袭。您怎么看待今天中国服装市场面临的设计困境？

梁子：确实是这样的，对我们来说，市场上也是会有冲击的，因为很多消费者辨不清什么样的设计好，他们觉得中国元素都一样，哪个便宜就买哪个。最近冒出一批主打中国元素的品牌，我觉得他们在商业上还是能够很好地获利，但是他们能够走多久，或者他们定位在哪里，长久下来肯定要经受市场的考验。

我觉得消费者也会越来越分层。我相信我的消费者不会去买那种让别人看起来显得她很有钱，或者很富有的东西，她宁愿把钱省下来买她喜欢的东西。

殷智贤：我问您最后一个问题，也是我最关心的问题：到今天我们不知道什么叫作当代中国人的穿着形象！过去都有"一代一冠服"的礼制，唐朝有唐朝的，宋朝有宋朝的，明朝有明朝的，清朝有清朝的，民国时候好歹还有旗袍，可是当代中国人的形象到底是什么样的？并没有一个答案。如果工艺不受限制，面料可以一直开发，所有外在物质的技术条件都已经具备的话，当代的形象什么时候可以呼之欲出？它应该长成什么样？

采用莨绸面料，取自中国功夫形象的造型，让天意这一系列的中国味道并不与现代性为敌，打破传统形象是解放设计的突破口，中国人的形象也是与时俱进的。梁子2014年设计作品。（张悦摄）

梁子：我前几天去看了一个博物馆，看那些以前的东西我也在想，以前的朝代都有相对明确的国人形象。

殷智贤：一代人的穿着形象代表这个时代的价值观、伦理、资源配置、社会阶层分化等，我们当代的国民形象是什么样的？一种什么样的形象可以让别人识别出当代中国人的价值观、美学修养、行为方式？

梁子：我觉得应该是中国的国土面积太大了，其实现在说中国人没有统一的服饰，主要是我们汉族人没有明确的服饰，少数民族都有他们的服饰。汉族现在说起来可能就是旗袍了。

殷智贤：其实旗袍算是民国时期留下来的，也不算当代的，当代有过什么服装可以定义中国人的形象？

梁子：这种问题的存在跟我们的价值观有关系，很多年来我们都认为与世界同步的才是潮流的东西，这种观念不改变，不会有自己的东西出来。像我们这样的介于世界潮流和中国气质之间的服装，就已经很给中国人长脸了。但是我们还是要有一种服装拿出来代表中国。外国人在过中国年的时候，都喜欢穿带有中国特色的衣服，立领的、有盘扣的、带点中国传统图案的那种衣服，这就是他们心目当中中国服装的样子。但是我们国内过年不见得有百分之二三十的人会去穿这样的衣服。我觉得这可能要从政治层面上去定位，老百姓的观念已经非常开放了，穿着各异。有一些有思考的人，他们可能会在春节这种传统节日的时候穿一些带中国元素的服装。

殷智贤：是这样的，过去为什么叫礼乐文明？因为专门有治礼的机构负责研究和制定规则，其中就包括确定本朝不同品阶的官服是什么样的，祭祀典礼的时候穿什么，登基大典的时候穿什么，上朝的时候穿什么，平时穿什么，从图案到颜色都有详细的规定。为什么会有“一代一冠服”？因为着装涉及层面非常广，除了要体现本朝的价值观，比如皇帝推崇的是儒家的生命观还是道家的，这就决定了图案和颜色的设计一些能代表当代中国人精神的服装，而不是什么场合都穿西装，这是我们美好的期望。

审美是不同的。另外，不同的着装规制还体现了那个朝代资源配置的伦理法则和生产现状，和当时的生产力有关系，比如唐朝三品以上官员官服为紫色的，为什么？因为当时紫色面料的织染成本最高，售价最贵，所以只能限制对紫色织物的消费。如果消费的人多，市场供应又跟不上，就会导致紫色织物奇货可居，政府为此也要支付更高的开支，国家的财政预算势必要拉高，限制紫色只能一品官员穿，那就没几个人可以穿了，这样供需不会严重失衡。

梁子：黄色也不能随便穿。

殷智贤：不能，它有文化象征上的意义，因为那种明黄色代表皇天后土，而黄色在五行上对应的方位属中央，所以只能是属于皇上的。

此外，已婚者与未婚者在服装发型上也都有标志性的差异，可以说服装承担着社会身份识别的很重要的功能。

设计的这套体系除了在文化上要符合中国天人合一的理念或长幼有序的伦理之外，也要考虑到社会资源分配，不仅仅是美学上的喜好，还有经济学上的考虑。过去有资格治礼的都应该是能人志士，不是民间自己随便发明的。从宏观上讲，“一代一冠服”关乎国家形象乃至国运。

梁子：想要塑造一个当下中国人的形象，首先和政府直接相关。如果政府能推行这个，我们这些设计师都非常愿意去做这样的事情，众多的设计师可以共同讨论，但目前很难做出一个让各方满意的抉择。我们看到西方人有自己的民族服装，不管经过多少个朝代，都这么固定下来了，都有节日的礼仪服装。

殷智贤：目前可能只有中国没有。

天意2011年春夏系列。展现梁子关于中国式露背和欧洲式露背到底有什么不同的思考。由于在历史上东西方存在着价值观差异，对人体的认识、社会习俗等等的不同，所以自然有不同的仪态、审美和表达方式。今天如何找到最适合中国人的服装表达方式是设计师的责任，也是每一个对自我文化身份确认有追求的国民的责任。

给身体更多的空间是东方人的生命观下的设计理念，不用服装限制人是人的自主性的需求。梁子设计作品。（张悦摄）

梁子：哪怕我们把某一个朝代的制式延续下来也行，也可以从国家的层面来做个定位，做个推广，因为靠我们设计师是不可能实现的，我们可以受命去演变，但是这个要定下来后才可能去推广。

现在社会上有专门推广旗袍的组织，也有人在推广汉服，甚至日常生活当中也有人穿汉服，但这种都是很小众的。其实传统的中国服装是很精美的，但现在做的传统服装大部分比较粗制滥造。

殷智贤：而且那些服装也没有办法成为“国服”，因为穿着方式不适合现在的生活方式，得改良，不太可能照搬过来。

有人说日本的和服为什么能够从古至今基本保持不变？今天日本整个大的社会环境还是倡导穿和服的，如果说整个国家的环境已经不倡导穿和服了，日本人即使想保留和服也难以保留。假设穿上和服后基本上没有办法在现代社会走动，这个服装怎么可能保留下来？但日本整个国家的环境包括建筑、街道、视觉审美都没有遭到严重破坏，传承一直在，所以有穿和服的环境。

梁子：不过他们也是在某些特定场合才穿。

殷智贤：是，但是它还是有那样的环境，如果你不是搞一个主题派对，你穿着汉服去参加什么活动呢？

梁子：现在有些地方搞祭祖或举办成人礼时有人会穿汉服。

殷智贤：而且现代中国人的仪态、举止或者风度跟汉服都是不搭的，所以穿上汉服也不好看，没有那种庄重感或者说气质，看着很像演戏。

梁子：我们可以以春节这些大的节日作为背景，尝试看什么样的服装适合今天的中国人，能够作为中国形象被世界认同。设计一些能代表当代中国人精神的服装，而不是什么场合都穿西装，这是我们美好的期望。

未来的时装是一种个人观念的表达

中国从农耕时代的家庭本位向工业时代的个人本位做价值转移是这20多年里的一个主旋律。促成这种价值转移加速的，除了有改革开放带来的国际视野和生产方式的根本性变革之外，独生子女政策带来的家庭结构的转变是一个非常重要的背景，36年独生子女政策下成长起来的几代青少年彻底改变了传统的对人的认知，对个体价值的张扬近乎达到了中国历史上前所未有的高度，这几代人也在家庭资源的强力支持下受到了最好的教育，经由互联网打开的视野，他们的品位及资讯都不再囿于本土，而更具国际性。

在这几代人的认识里，衣装之于他们日常生活的意义早已不是解决基本的功能，或一般意义上的得体，善于使用服饰语言的人借此表达他们的价值观与个性。能将个人形象塑造得有品位、充满力量、让人印象深刻是一个人获得社会关注的技能之一，个人形象所潜藏的巨大商业价值成了商业群雄的必争之地。

风靡欧美的潮牌服饰文化现象是继20世纪60年代之后又一次时装变革，以表达新一代族群的价值观为设计驱动力的潮牌提供了示范性的服饰的观念力量。那是在物质极大丰富后对物质崇拜的一种反叛，不再强调工艺的繁巧、面料的昂贵，也不追求以往所推崇的高贵、端庄、优雅、权威等等气质，而是重新编写了一套服饰语言，以传递这个新时代新族群的生活态度和自我感受。一块面料、一个标识、一个概念即可生发出一个设计，而对自我的表达也不谋求符合逻辑或缜密的体系，只为确认自我的唯一性。

上官喆，一个想告诉世界新一代中国人会是什么样子的80后设计师，有着他对时装的解读。对于上官喆而言，他不在意证明自己的中国身份，他只在意作为新时代的人如何证明自己。所以他会从全球范围内寻找设计灵感，也试图设计可以为全球的时尚人群所青睐的作品。他的身份识别系统不以国家、民族为界，而以价值观为界，这是尚年轻的互联网一代想要确立自己话语权的时装行为。

时装与服装最大的区别是在这里：除了拥有服装的属性外，时装背后所呈现的观念和整个形态都是很重要的。这也是时装设计师的价值所在，而不只是一个裁缝而已。

殷智贤：识别当下的流行语汇并不是翻两本杂志就能掌握的事情，而驾驭每一季的流行语言如同一个人既能写小说又能写杂文还能写诗歌那么难。有很多媒体和设计师会提供思路、方向、灵感，但最终仍然有赖于穿着者怎么解读、怎么演绎。你的作品所打造的是年轻的、时尚的男性形象，我注意到其中一个特点是色彩非常明亮，尤其是伦敦时装周首秀时，你用的色彩的明度都非常高，而且色彩也非常丰富。为什么你要用明亮的色彩来塑造年轻一代男性的形象？通常大家会觉得明亮的颜色用在女装上更容易被穿着者驾驭，为什么你认为可以在男装上用明度这么高的色彩？

上官喆：一方面，我对颜色比较敏感，我比较喜欢在作品中运用明度比较高的色彩，比如说荧光色等。另一方面，我希望我的系列更现代一些，这也是我想多运用一些色彩的原因。虽然用黑色、灰色也可以呈现很当代的一面，但这些颜色其实更难掌控，用不到位会显得有一些沉闷。还有一个方面，对于男性着装来说，我觉得男性穿彩色的衣服需要特别自信，包括各方面的自信，而这种自信我觉得在年轻群体里是比较常见的。

殷智贤：我刚才听到你用了一个词：现代性。你认为用明亮的色彩更能体现它的现代性，你怎么定义现代性？你为什么觉得明亮的色彩代表现代性？黑白灰看起来没有现代性吗？

上官喆：我并不是否定黑白灰，我认为色彩只是一个元素，某一种色彩可以传达出某一种设计的效果。但是对于我来说，我更希望在我的设计里通过色彩来传达更多元的东西。

殷智贤：我觉得你用的线条特别自由，你不是用线条把人塑造成某一个固

2013年秋冬系列。这是上官喆建立自己的时装品牌SANKUANZ后推出的第一个系列。借鉴了藏袍的结构，重新建立上衣和下装之间的比例关系，大色块的运用，造型大胆，极富冲击力，使穿着者可以有非常强势的表达力。

SANKUANZ品牌2016年秋冬系列。通过结构的立体化塑形，上官喆试图打造更有力量的男性形象，这种力量不是来自男性的体魄，而是来自男性对自己的认知，例如醒目的品牌标识、强烈的撞色、互相争夺表现空间略嫌拥挤的服装元素、变化无常的自由结构，这些都使穿着者能有自己的表达方式，而不会受制于服装已经确定无疑的表达语言。而当不同的人找到了自己的表达方式，服装就会成为生动的书写工具。当然，上官喆也使他的作品如同一支漂亮的笔一样可以被单独欣赏。

定的形象，而是让人在穿着你设计的时装时，自己的心情、状态、性格都可以很放松地展现，而不是必须成为一个完美的形象。在你的设计里，你觉得线条应该怎么发挥作用？

上官喆：我觉得线条是很重要的。一件衣服的造型和这件衣服整体的线条都是很重要的创作元素。传统男装会更多地去考量衣服的剪裁是不是好，线条是否可以修饰人的身体线条，或者更好地衬托人的身体，打造一种跟人体呼应的美感。但我觉得人体本身的线条不是重要的考量标准，我不太会根据人的身体线条去做衣服，我更关注的是衣服本身的存在。

比如说如果去做古典雕塑，我们可能要依托于人的身体，做当代雕塑的话，跟人本身没有太大的关系，虽然这两者也许是要呈现同样的主题。我更希望衣服本身有自己的结构跟线条，因为它们是被人穿在身上的。

殷智贤：所以你不想服务于一个现成的答案。比如说人存在是一个答案，你不想服务于这个答案，你想通过衣服创造一个新的答案？

上官喆：可能是满足某种需要吧。比如说一个男性想要通过穿西服显得自己更瘦一些，那我觉得这跟我的关系就不是特别大了。或者说想穿起来显得身材苗条，或者肩膀特别垮的想穿起来显得肩膀高一点，这个我也不是特别关心。在时装设计上，尤其在整个设计系列的观念上，人们日常生活的需求并不会主导我的创作方向。

殷智贤：可是你的衣服是要卖给别人的，如果你不去满足他们的需求，你认为他们为什么要选择你的衣服呢？

上官喆：因为我做的不只是纯粹的服装，服装可能是满足人们日常生活跟穿着场合的需求。时装与服装最大的区别是在这里：除了拥有服装的属性外，时装背后所呈现的观念和整个形态都是很重要的。这也是时装设计师的价值所在，而不只是一个裁缝而已。

殷智贤：如果你认为时装可以有它独立的价值，不需要服务于所谓的现实的需求的话，你希望自己设计的时装创造一种什么价值？

上官喆：首先我并不否认时装作为服装本身所具有的意义。它需要去满足一些基本需求，不能说我是在做一种完全没办法穿出去的衣服，那可能只是一个雕塑作品。所以在这两者之间是要有平衡的，我说的是额外的更重要的价值。

对于我来说，我希望通过我的设计呈现两个东西：一个是比较具象的。我想呈现出中国当代年轻人的生活状态，包括我会看到的未来的更年轻一代的生活形态。另外，通过我的系列来展现我所感兴趣的话题，比如说这个话题可能是我设计的某个系列的主题，但它最后呈现出来的形象也是我想塑造的一种中国当代或者未来年轻人的生存状态，或者生存的形象。

殷智贤：你现在想象的或预判的未来中国当代青年的形象具备什么样的特点？你看到了什么样的关于未来的画面？

上官喆：我觉得特别有趣的一件事情是中国每一代年轻人的变化更迭得特别快，从审美到行为方式，还有他们的思想，都变化特别快，大概5年就会有一个很明显的差异，而且中国年轻人的独立性越来越强。这种独立性我指的是多方面的，比如说审美的独立性。比如我在工作中发现，00后或者95后有更多自己独特的审美价值，他们可能并不局限于对某一种西方流行文化的复制，会努力生成原生的文化，而这种文化未来有可能会成为中

00后或者95后有更多自己独特的审美价值，他们可能并不局限于对某一种西方流行文化的复制，会努力生成原生的文化，而这种文化未来有可能会成为中国输出的东西……我觉得这是中国未来年轻人新文化发源的地方。

SANKUANZ品牌2016年春夏系列。上官喆的灵感来自中国北方游牧民族的民间信仰与传统服装。东方的传统廓形被解构，融入了男士经典服装的设计细节和充满暗喻的印花图案，重组成更具当代风貌的街头青年形象。科技合成纤维与创新服装制作工艺在该系列中被大量运用，以更具前瞻性的视角让传统文化在其中呈现新的风貌。

国输出的东西。这些文化作为一个生命体在不断成长，也是未来我会特别关注的东西，我觉得这是中国未来年轻人新文化发源的地方。

殷智贤：我觉得穿着你设计的时装的人，他们对自己是有判断的，他们不是跟随别人的见地来做选择的，这是我看到的价值观的层面。从行为层面来讲，虽然你用了很多明亮的色彩，用了很多在我看来非常自由的线条，不捆缚人体，给人自由度，但你还是有克制的，不是不管不顾，想怎么着就怎么着。

上官喆：对，还是会基于传统服装的形。

殷智贤：我倒不觉得你是在因循传统服装，可能你继承了一些原则或者规矩，但是我觉得从性情上来讲，可能你的设计里面是有克制的东西的，不是那种“撒野”的设计。这份克制是基于什么样的思考？

上官喆：我觉得合理性是一个很重要的思考的点，也就是说：这个东西是不是合理的。服装的合理性在于它有没有属于它的穿着场合。这个场合即便是非常奇怪的场合，或者说特别罕见的小众的场合也没有关系，终归要有。因为时装本身是属于商业体系或工业体系，它绝对不在艺术系统里。工业品一定是基于商业的，是要有商业价值的。如果这个产品没有它对应的穿着场合的话，这个东西的价值是不成立的，它不能被归纳到时装的体系中。所以如果我觉得我是在做时装，那它必须符合某一个体系的规则。

殷智贤：现在大家都说要谈创新，当有人说提供给你一些新的创意，让你穿着起来有新的形象时，你觉得这种许诺能够实现的可能性还大吗？大家都说自己设计的东西是新的，我们每天看见不知多少款所谓的新衣服，但是我们怎么确认它是“新”的呢？

上官喆：我觉得对于年轻一代的消费者来说，他们可能越来越清楚自己想要的是什么东西，他们的分辨能力特别强，知道什么是真的什么是

SANKUANZ品牌2017年秋冬系列。这是上官喆选择探索当下、未来、人与科学的关系的续作。原始风格明线处理的西装与户外夹克、装饰有工业织带的工装以及杜邦生化防护服均饰以暗示危险或反叛的符号与徽章，例如“移民”“视觉污染”“自然选择”“大屠杀”“摧毁”，这些当代社会全球化中的元素悄然勾勒出一个末日后的世界，但使用的却是一种理想主义的方式。这一系列混用了超高分子量聚乙烯和粗苯纤维等多种新材料。

假的。你说你的是新的，但消费者的判断更重要一些。

殷智贤： 在你看来，什么可以称之为新的设计、新的穿着形象？

上官喆： 对我来说，我会选择两个方面。首先是观念上的创新。这个层面上的创新特别重要，而且这种观念上的创新可能在近两年全世界的时装环境里起着至关重要的作用，这跟服装本身没有关系，和剪裁、面料没有任何关系，而是跟你如何呈现你的衣服有关。

观念上的创新可能在近两年全世界的时装环境里起着至关重要的作用，这跟服装本身没有关系，和剪裁、面料没有任何关系，而跟你如何呈现你的衣服有关。

其次是材料的创新。这也很关键。科学技术已经在改变人们的生活，但在服装这个产品里面，科学技术所呈现的对日常生活的改变，还不是特别明显。我觉得未来它将会是一个很重要的创新方向。

殷智贤： 你提到了面料，你好像什么面料都会去尝试，不会只用几种面料来完成设计，或不会因为某些面料是当下流行的你就多用，你会把不同质感或气质的面料做一些组合，从而产生一种新的形象和体验。你在做设计的时候，觉得面料可以带给人哪些重要价值？

上官喆： 对我来说，面料有两种功能。一种是提供面料本身的物理属性，羊毛可以保暖，涤纶抗皱，但我更多考虑的是这种面料能为我观念的实现提供什么支持。举个例子，我很少会使用真丝，相对来说，我不太使用需要大量非常稀有的原材料或者需要大量手工操作的面料。我使用得比较多的是合成纤维，人工创造的化学材料也使用得比较多。做出这种选择并不是我要迎合消费者的某种需求，或者打造某一种具象，而是跟我如何看待这个世界有关系。因为我觉得使用很多稀有的材料其实是一个很古老的奢侈的传统，奢侈是关于时间的概念。在传统意义上，需要投入大量时间才能获得的材料是奢侈的，但是这个东西对我来说可能并不是奢侈的，因为我觉得科技的创新、人类的创造力给人类生活带来的改变是更奢侈的。所以我希望使用更多的合成纤维，或者说一些创新的纤维制作的材料。

殷智贤：说到穿着方式的问题，像三宅一生、山本耀司、川久保玲，他们用时装设计开创了崭新的设计时代，其中就包括他们提供了不同于以往欧洲现代时装的穿着方式。你怎么理解独特的穿着方式是一场搞怪呢，还是真的是一个了不起的创意？

上官喆：我可能会把这种穿着方式理解为一种穿着风格，这些风格是基于某一个文化命题的探讨。我觉得川久保玲创造的很多种穿着风格都来自她对于性别意义的探讨，而山本耀司的设计风格可能更多是对女性社会价值的思考。也有基于摇滚乐或说唱音乐创造的穿着风格，这种关于文化的讨论是在风格产生之前的。但是抛开文化，单独为了寻求特别而去做出一种风格，也有可能。因为时装本身是一种文化，是一种人类追求的穿着造型。但是我觉得没有进行过文化探讨的风格，其影响力相较于有过文化探讨的会弱一些。

殷智贤：今天时装的寿命越来越短了。其实无论香奈儿、迪奥，还是圣罗兰，它们是沉淀了一些经典款的。但今天普通牌子的设计很快就会过时，消费者也不在乎这些设计是否经典长久。

上官喆：我觉得在未来，对于时装来说，如果消费者是为了纯粹购买材料或者服装本身的设计的话，这可能会有问题。消费者在时装里面受到的影响，更多的是产品背后所阐述的观念或者说所传达的价值。

而且我觉得对于时装的下一个时代来说，完成艺术使命可能只是其中一个方面，时装的艺术性和商业性的结合是很多设计师现在和将来都要面对的挑战。比如说麦昆（Alexander McQueen）的衣服受到很

SANKUANZ品牌2015年春夏系列 。这是上官喆入围 “LVMH Prize 青年设计师大赛” 的作品。使用涤纶、尼龙等等纯粹化工原料制成的面料是上官的一种设计态度，他高度接受工业化生成的产品，并且认为我们身处这样一个时代，就要接纳并适应工业化带给我们的影响。他没有广泛使用被很多中产阶级推崇的天然材料制成的面料，例如纯棉、丝绸、羊毛，而只是在一些服装的某些部位有节制地使用，他不认为这样的设计会影响穿着的舒适感，在工业化和田园诗之间，他一直在寻找着合适的缝隙。

多时装爱好者的推崇，但他的口碑并没有带动他的销量。因为他所满足的是一个很小众的市场，但对于普通消费者来说，麦昆的设计跟他们的生活并没有直接的关系。有些设计师的设计本身也是很好的，他们设计的某些款式成为爆款，甚至在市场上出现很多的假货，这说明大家都想拥有这些东西，反而实现了一种商业销售与时装艺术性的结合。这在以前是很难出现的。

殷智贤：今天你觉得人们还会需要经典款吗？

上官喆：我想举个例子，比如一件工作制服，某个品牌把它放到T台上来呈现。这件制服在普通消费者的眼里只值50元。这个品牌做了一模一样的东西，但是因为放到了T台上，后来卖500元，而且卖得特别好，一件难求，以至于出现了很多"同款"（2016年，近年走红欧美的潮牌VETEMENS将与DHL物流的工作服同款的夹克作为当年的新品发布，成为时尚界的一大话题）。

有些人在讨论这件事情的时候，会觉得可笑，甚至不能理解。但我觉得这件事情本身就是在重新定义设计师的权利：设计师认为什么是时装，就像艺术家认为什么是艺术品。其实它本身的价值不仅仅在于你如何去设计和剪裁，而在于你的观念和你做的选择。选择把一件地摊货放到了高定的秀上，这个选择本身就是设计师的价值所在。这是一件非常酷的事情，这样的事以前没有人做，但未来会有越来越多类似的观念和行为。我觉得这其实是时装产业的一个非常大的改变。

殷智贤：所以传统理解的所谓经典、高级，这些观念在今天都被颠覆了。

上官喆：因为互联网对这个世界产生了非常大的影响。比如获取信息的方式变了。

我觉得还有一个影响是原来的时装更倾向于精英的时装，文化的流向是从高往低，但现在的时装是平民时装，它的文化表象是由底层

> 原来的时装更倾向于精英的时装，文化的流向是从高往低，但现在的时装是平民时装，它的文化表象是由底层往上影响的。这是互联网带来的最根本的改变。

往上影响的。这是互联网带来的最根本的改变。就像音乐创作一样，原来都是很有文化的人写词作曲，现在可能谁都能写，很俗的歌也能有广泛的影响。我觉得对时装的理解也是一样，这未必是一个倒退，未必是一件不好的事情。

殷智贤：你的这种看法很有意思。如果是这样，时装跟人的关系一定也都因此改变了。当一个设计可以被称为时装设计时，它应该提出了一些新的观念，表明了新的态度和标准？

上官喆：这可能是一种抽象表达，具体而言，包含新的剪裁、新的造型或者新的元素被创造出来了。或者更简单地说，把一件运动服放到T台上，我觉得这本身也是时装设计的一个行为。而中国现在大部分是服装品牌。

殷智贤：还有一个问题，当我们提起日本人、韩国人、意大利人、法国人和英国人时，似乎都有一个形象，而当我们谈到当代中国人的时候，其实形象不是很清晰。至少从服装这个符号上来识别不是很清晰。如果是你，你会怎么来建立一个当下中国人的形象？

上官喆：我觉得这样的形象是存在的。

殷智贤：在你的观察里它是怎么存在的？

上官喆：这真的是特别有高度的问题，也需要我去思考。现在我还没有明确的答案，但它一定是很重要的东西。

我的理解是把这个问题分为两个层面。我先说我个人作品的层面。这是比较小的层面。在这个比较小的层面，我不希望别人觉得有很强的地域性，即使有，也是自然流露的，因为我是中国人，生活环境对我的潜移默化的影响会在作品里体现出来。但对于我来说，并没

SANKUANZ品牌2018年春夏系列。这个系列是上官喆向已逝的美国艺术家赛·托姆布雷（Cy Twombly）致敬的作品。这位画家喜爱使用亚麻粗布西装作为画布，并在其中一些西装上涂抹粗糙的白色颜料，表现出石膏雕塑的效果。超大尺寸尼龙外套与运动夹克上的明线装饰及松散线头同样令人联想到涂鸦。这一季糅合了经典与现代、特例与平凡，发带的造型、更加收身的设计展示出当代青年的活力，而充满怀旧感的元素也传达出对时光流逝的敏感。

SANKUANZ品牌2017年春夏系列，灵感源于中国当代艺术代表人物徐震的《安全屋》，这是一件带有哥特式教堂建筑的折叠帐篷，隐喻了身处无人之境的虔诚与脆弱。这一系列以制作航空服的高科技材料为基础，补充以大量应用于野外帐篷与航天器的粗苯纤维、胶带，以及机械金属件，构成了具有太空感的完整风格。长款的廓形风衣与西服，以及大量黑白色的应用，戏仿了神职人员的法袍，再现了“神之寓所”中的仪式感与虔诚感。在造型上，上官喆延续了自己对军服与嘻哈文化的钟情。 这是上官喆希望通过服装表达他对这个世界理解的更深入的尝试。

有这样的使命感——要刻意去塑造某一种形象。而且这样的设计很难打动我。为什么要这样呢？为什么要一眼就被人看出是中国人做的？特别“中国”，这种设计我不会特别骄傲。我希望我的设计能国际化，特别有宇宙感，特别有未来感。

另外，从国家层面来说，因为服装跟文化有很紧密的关系，国家的文化往往会关联着某一类服饰，但我觉得这个东西有时候并不会深入精神层面，可能就是特别简单的。

举个例子，比如说，10年前时装里面出现帽衫、卫衣是一件很不可思议的事情。卫衣是代表美国文化的服饰，在过去的很长一段时间里，因为美国流行文化的输出很强势，包括说唱音乐、说唱歌手，很大程度上他们影响了现在的时装体系。于是几乎所有时装品牌都开始出卫衣、帽衫。大家在跟随他们的东西。

我感兴趣的是，未来有一天伴随着中国文化的更大范围地输出，代表中国文化的市场产品会是什么？比如说如果牛仔裤跟卫衣代表了美国流行文化，那么什么产品是代表中国文化而且又是可以被不同文化接受和追捧的？旗袍肯定不是，唐装肯定不是，是什么我不知道，但我觉得这是一个值得思考的问题。

殷智贤：跟在别人后面“凹”出时髦造型意味着对自身缺乏了解，更不用谈做什么时尚领袖了。只有形象而没有价值观，终究不具备独立思考和选择的能力，我们在打造自身形象上的迷茫，背后还是价值观的不清晰和不稳定。希望你这一代能够找到并且建立可以被全人类共享的时装形象和时装理念。

先了解自己，再选择设计

很多人对珠宝首饰最初看重且普遍看重的是如何体现豪奢，凸显材质的贵重，但当人们想表达自我时则发现：只有款式没有内涵的首饰还不如衣服上的一朵花来得有价值，只能看出昂贵却看不出多少意蕴的首饰无法为一位真正的名媛“背书”。

知道自己是谁、需要什么之后，如何表达才能契合自己的情感或性格？那些被大自然孕育了数万年甚至更长时间才形成的宝石，其所凝聚的天地精华如何与个体的人产生真正的关联，而成为人一生中最美的一个装点？每一件珠宝首饰，若没有特殊原因，存世的时间都比人的寿命长，人类通过自己的手创造这样一件件作品，该如何处理当下享用和传诸后世的关系？每一件珠宝首饰都有它清晰的个性，当佩戴者自己发生了改变，或关于自我的认知发生了改变，这件首饰还会适合自己吗？一个设计如何抵御时间变化？每一件珠宝首饰也都是一个符号，让人依照社会约定俗成的认知方式将佩戴者归入某一特定人群，如果你正好期盼被他人如此解读，就显得恰如其分，但如果被误读，这场错误的表达是否比不表达更让你懊悔？

刘斐认为，有了设计，宝石就超越了矿石的品性，而具有了更多的人文内涵，设计可以赋予没有生命的石头生机勃勃的灵魂。而懂得什么是好设计，需要一个人先了解自己，认得出自己内在丰富的需求，选择一个好设计的过程，也是找到正确、恰当的方式表达自己的过程，过与不及都是因为没有了解好自己。

原创体现在很多地方，但如果你缺乏对市场、对历史的了解，缺乏创新意识，你怎么去做原创？你永远都只能拿来。

殷智贤：人类对贵金属和宝石的追逐有着漫长的历史，在新石器时代即有玉石雕琢，虽然那些玉器多用于祭祀，即使用于佩戴，也多为祭司所有，但可见用珠宝装饰人体，使人体增加特殊的能量而超越平凡是人类历史发展中非常重要的一项努力。

你是在英国接受的珠宝设计的高等教育，你觉得他们跟我国当下的设计教育最大的不同是什么？

刘斐：我认为最大的不同是思维方式。

像现在在中国的设计学院里，老师要教学生画好多图，但那样不叫设计，叫illustration（图解）。一个美丽的图是一个presentation（呈现），不是一个process（过程）。presentation 首先是展示，是一种认识，一种效果。但设计本身是个提炼的过程。

殷智贤：你把设计解释成过程？

刘斐：必须是过程，为什么？设计没有尽头，不分好坏，只分是否恰当。

殷智贤：对，每个设计要解决的问题是不一样的。虽然看起来好像是完成了一条项链的设计，但其实每一款项链要解决的问题是不一样的。

刘斐：没错。我给你讲一件很有意思的事情，某美院在2014年的时候邀请我去做一个工作坊。他们问我："你能不能让这些孩子设计些网上畅销的东西？"我说不行。他们问为什么。我说如果是这样的话，就不用找我了，国内的设计人员都比较擅长。把学生关在教室两个小时，让他们看完网店上所有的东西，再让他们自己发挥就行了。他们当时就问我想做什么，我说想做护身符。他们好奇我是不是要把观音菩萨、弥勒佛再做一遍，我说不是。什么叫护身符？护身符是集个人价值观、信仰、文化、历史等为一体的，能够被赋予情感，成为心灵寄托的信仰载体，为什么要片面地把它看成一个形象？

独角兽钻石胸针/项链。刘斐2016年作品。夸张的设计既可用于出席红毯活动，平日也同样适合佩戴。独角兽的雕刻采用了白色的和田玉，飞扬的鬃毛采用18K白金镶嵌白钻，为了使佩戴舒适，鬃毛可以灵活移动。项链主要由黑色的火山岩和黑色钻石构成，从而和圣洁的独角兽形成鲜明的对比，营造强烈的艺术感。该设计可以以项链的形式佩戴，也可以以胸针的方式佩戴。

第一天上课时，我把我的态度和理念告诉学生：做这个护身符是希望他们告诉我最打动他们的一段记忆。我希望他们去把这段记忆演变成自己的设计，要求每个学生给我两三个选择。这是设计的另外一个定义。设计不是单方面的冥想，是在众多选项里面筛选最适合的一个。

第二堂课时，他们的设计稿全都出来了。这时候我就让他们逐个讲为什么这么设计。如果你有一段刻骨铭心的记忆，我想让你告诉我为什么这段记忆刻骨铭心，这段刻骨铭心的记忆是如何转化为设计的，这是一个过程。很多学生习惯性地在给出一个题目后再设计，例如先想到一个苹果，之后倒推，最后把这个苹果和记忆绑在一块，很牵强。

殷智贤：这样做因为他根本没有动过情，更不用提动过心了。

刘斐：没错，这样的东西是经不起考验的。如果没有一种严谨性去检验这个设计的过程，怎么确保这个设计的结果就是好的呢？一个做设计的学生，能够瞬间就设计出一个杯子来，可能他之前已经看了一千个、一万个杯子。如果你讲不出来你的原因，那你凭什么让我信服？凭什么让我说你的是好的呢？

第二堂课有几个孩子讲得真好，证明他们用情了，证明他们真正抓住了那段记忆。

第三堂课时，我就想让大家在之后的一个礼拜给我呈现他们做的东西，那时候我才觉得很好。我印象很深的是一个女孩，她讲失恋的故事。谈了4年的恋爱后，她把头发给剪了，以前是及臀的长头发，后来剪了短发。她用胶水和盐揉了一个盐球，然后把盐球磨成一颗宝石的形状，再用咱们吃水果糖的糖纸把它包起来，做了一条项链。我问为什么设计这个，她说它象征爱情，爱情是很甜、很美的，但是其实是泪水和苦练成的，这个多好！这个真美！

还有另外一个姑娘，因为她是早产儿，她妈妈生下她之后身体不好，一直住院，她是姥姥、姥爷带大的。她姥爷是一个裁缝。她很感激姥姥、姥爷对她的养育之恩。同时，因为她妈妈身体不好，她希望能够以自己的方式来做个护身符给妈妈。你猜她做了什么？她用姥爷裁衣服的一片薄薄的粉笔做了一个护身符，外面缠满了五颜六色的线，可漂亮了！当时我一看不行，这个东西太脆弱，一不小心就会碎掉，必须想个办法把它保护起来。最后这个姑娘做了个很精致的塑料壳，把那块“粉笔”装进去，就叫它项链吧。

这一点就反映出当下中西方设计教育的思维理念的差异。设计应该来源于生活，如果不来源于生活，你怎么为生活服务呢？并且要确定你的设计服务的对象是谁。为什么我要让孩子们做这件事情呢？如果他们都不知道做这件作品要送给谁，怎么知道那个人就会接受它呢？现在中国有一些设计师，都是想怎么玩就怎么玩，玩到最后变成自娱自乐。为什么呢？虽然你的理念很好，创意很好，但你忽略了更重要的市场认知度，你只是想把你的想法强行推给受众。

这样，大家都急于求成，不去真正考量这个过程，都想明天就要一个很好的解决方案，可是谁说明天拿出来的结果就一定是更好的结果呢？

殷智贤：国内现在是有这样的风气，大家认为如果你能很快变得很有钱，就可以具有某种势力，所谓占据市场先机，然后就能取得梦想的成功。

刘斐：但是从设计的角度来说，如果不了解历史，你凭什么说你做的东西至少能卖10年、20年？何况中国目前变化那么大，你还是得踏踏实实做产品，了解市场、工艺、制作的创新，而不是走捷径。

这也受中西方设计教育的三个方面不同影响。第一，双方对设计理解的文化背景不一样，背景是什么呢？我们这里是只要我能完成就行，但西方不是，他们的要求是必须让目标锁定的客人能够鉴定这个过程，那才是好的，而不是设计师单方面去表达。

“丝路飞天”皇冠。刘斐的设计灵感来源于敦煌的飞天仙女身上的飘带。重达470多克的铂金950嵌88克拉斯里兰卡蓝宝石、6粒色彩浓艳的蓝宝石、1200多粒染色由深到浅的蓝宝石、2300多粒完美切割的钻石、900多粒玫瑰切工钻石和43颗珍珠，演绎古今中外对美的理解。

第二，对“跨界”的态度不一样。不管怎么跨，西方的态度是必须对要跨进的新领域有一定的了解，如果你没有一定的了解，凭什么将你过去的思维方式加之于另外一个行业？

第三，也是最重要的一点：原创。很多中国人不理解原创，我常常想我们过去的精髓去哪了？为什么我们过去的历史会被所谓的商业吞噬？我记得我小时候看过《大闹天宫》。

殷智贤：漂亮极了。它是有精神的，不只是一个形象。

刘斐：对，没错。还有《小蝌蚪找妈妈》，是水墨画的风格；《九色鹿》是按敦煌壁画的风格绘制的，多美！那才叫中国特色。

殷智贤：体现的是中国的美学风范，配色方式、情感表达方式都有典型的中国味道。

刘斐：那才是我们自己的原创。

殷智贤：片中的人物或动物的形体、运动的方式与西方人的形体、运动的方式是不一样的。

刘斐：没错，我觉得更棒的是，那时的设计师并没有做得和过去几百年的东西一模一样，而是经过改良了，比如20世纪80年代做出来的，就具备那个年代的特征。

殷智贤：是。

刘斐：这是有文化基础和历史渊源的，最后成就了20世纪80年代的经典。能代表现在这个时代的动画形象就是喜羊羊、熊大、熊二、光头强。这种水平的作品怎么去传递中国文化呢？

谈到这我就想举个亲身经历的例子。我刚去伦敦念书的时候，老师说“你去采风吧”，于是我在市中心找了很棒的建筑，画了下来。到教室之后，同学一看，说“wonderful！”（太棒了），当时我心里可美了。结果老师说：“我知道是你画的，但你画的这个建筑物不是你的，你连这个建筑物是怎么来的都不知道。”他这么一说，当时我就傻了。然后他拿来另一个同学的作品，画的是街上一条裂缝：人家躺着看裂缝之后再把它摹了下来。老师说这是好作品，这一下就让我明白了什么是原创。

所以说原创体现在很多地方，但如果你缺乏对市场、对历史的了解，缺乏创新意识，你怎么去做原创？你永远都只能拿来。

殷智贤：你认为设计的价值是怎么体现出来的？

刘斐：我认为珠宝的定义包括投资的部分，而更重要的部分是装点生活。国内的新富阶层并没有把装点生活看成最重要的，他们想的是怎么保存自己的财富，他们对自我价值的理解仍然是银行账户有多少钱，仍然是希望通过经济财富去体现自己的价值。

殷智贤：对，比如通过戴钻石，让别人能看得出他的身价和身份。

刘斐：但他们忽略了内在的文化财富。我经常说很多中国人戴珠宝，不是为自己戴，而是为别人戴。当周围的人都不知道何为美时，大家能够认同的就是价格：这个值50万，那个值500万。而适不适合自己，他们不关心。看不出美和丑，只知道贵与不贵——大家在追求价值的认同感，但这种价值被限制在财富层面，而没有包括文化层面，或是美的层面，这是一个误区。但这也是需要时间去提升的。

> 看不出美和丑，只知道贵与不贵。大家在追求价值的认同感，但这个价值被限制在财富层面，而没有包括文化层面，或是美的层面，这是一个误区。

请我做设计的客户追求的是“我不能从众，我要体现我自己”。我有好多客户，他们手里的材料并不是特别贵重，有的可能是家里留下来的，有一定意义的，或者是说若干年前收集到的。他们已经意识到，不能在这块大石头上打个洞，套根绳，跟挂牌一样就戴出去了。

有这种意识的消费者现在已经有了，但是极少数，仍然需要很多的社会教育去提高大众审美能力。因为我们生活的社会不能缺乏美，不能没有文化。

当大家能够注意到珠宝首饰的材料以外的价值时，设计对珠宝价值的影响力就很重要了。做珠宝首饰的高级宝石材料是不可再生的自然资源，价格肯定是往上涨的，不会下跌，但是国际上有过很多这样的故事：在每年的拍卖行里，你会看到很多原材料一般，但是由于是高端品牌或高端设计师以非常独特的方式创作出来的作品，这些珠宝首饰的价值被推到了新的高度。

我想讲几个更直观的案例。第一个是我在2015年获奖的作品“羽”。我的一个客户有一串很大颗粒的绿碧玺的珠串，直径差不多有将近两厘米，而且颜色非常棒。她把它放在箱底，压了十年，从来也没戴过。她说“我不会戴那个东西，太丑了”。后来她就把这个东西给我，让我设计一下，用起来。历经七八个月，我为她设计出一条项链，这条项链有三根羽毛叠在一起，轻盈的羽毛斜挂在绿碧玺项链上，每一颗碧玺珠之间是用钻石和绿色翠榴石隔开的。这个设计不仅使碧玺和翠榴石的绿色形成丰富的层次感，穿插于其间的钻石还能和两种宝石的沉静形成对比，加之羽毛的轻盈感和宝石的厚重感之间的张力，令这件首饰整体非常有层次感。三片羽毛还能摘下来单独作为胸针佩戴。这件首饰后来获了奖，而且被评估到180万人民币。当时按市场价来说，如果没有设计，那串碧玺能卖40万人民币已经到头了。这就是设计给原材料带来的附加值。

第二个案例是一个红宝石戒指，2017年被收入苏富比和詹姆斯菲尔德（Gemsfield）两大拍卖行的画册。缘起是我另外一个客户花了不到400万人民币买了颗红宝石，然后请我为她设计一件首饰。那颗红宝石很美，她要求很高：要简洁，还要有效果，要配得起这颗非常美艳的石头。你知道设计一简洁就不容易出效果。为了满足这个设计要求，底托的钻石经过重新切割。历时半年才完成。最后这个戒指被评估到120万英镑，当时大约相当于1200万人民币。从投资的角度来说，设计创造的装饰性、独特性不是能够把材料变得更加有生命力吗？当它有生命力的时候，价值自然不就高了吗？更重要的一点是你可以拥有它，还可以天天享受佩戴它的感觉，如果只是追求贵，那和挂两桶石油在脖子上有什么区别呢？

这就像中国的绘画，纸值多少钱？墨值多少钱？但当你把笔墨纸砚放在一起，创造出新的生命力的时候，那个价值就远远高过笔墨纸张了。所以不仅是我，我相信对于任何一个设计师而言，当能够赋予原材料更美好的生命力的时候，都可以令其价值提高。

Ruby Helix 戒指。被詹姆斯菲尔德的《红宝石》画册收录。该戒指历经8个月的设计加工，主石为10克拉的无烧鸽血红宝石，旋转的铂金线条装点了近5克拉的D色白钻，以30度斜角的方式将钻石的五彩光芒反射到这颗红宝石里面，简洁流畅，但又富有情趣。2017年初，该戒指在伦敦估价120万英镑。

沙弗莱石钻石戒指“云”。刘斐2015年作品。 绿宝石镶嵌在雕刻有祥云图样的深海贝母里面，和皇家蓝的青金石形成非常具有东方气质的色彩关系。当光线照到绿色宝石的时候，贝母也会变成绿色。

“羽”绿碧玺钻石项链，刘斐2015年作品，荣获IJL最具视觉影响力奖。这件作品是由45颗大小不一的巴西绿碧玺珠组成，飘动的羽毛是由17.7克拉的精美白钻镶嵌而成。19.6克拉的翠榴石呼应了绿碧玺的光彩。项链的羽毛部分可以卸下，作为别针单独佩戴。

我们要沿袭的是意义，是意境，而不是形式。形式在不同的时间、地点、环境都会变的，但意境是可以沿袭的。如果意境和形式能够合二为一那是最好的，如果不能，我首先抓意境。

殷智贤：我注意到你做的设计里面用了一些带有东方传统意境的元素。现在中国的环境是大家都崇尚时尚，尤其是西方时尚。其实国外都对东方的美学元素抱有很大的热情，这些年尤其如此。今天的中国人要怎么样重新发现东方元素的美？

现在很多年轻一代实际上对于这些符号并不熟悉，没有深厚的情感，也没有足够的经验。当他们想使用这些符号或元素的时候，如果只是辨识出这些元素可能不困难，因为有媒体帮忙，但是想建立对于这些符号的情感和经验，其实并不容易。因为在过去30年里，中国媒体大量传播的是西方的时尚元素和理念。

刘斐：没错。

殷智贤：这几年刚刚开始传播中国的设计元素，这里面有一个"时差"。

刘斐：举个例子，我给故宫设计了一款祥云图样的项链和耳环，刚才你说的这一系列问题都是我当时面临的问题：你不能设计得太传统，得时尚一点，但是也不能太时尚，太时尚就不是故宫了，故事情节就没了。后来我就用祥云这个元素，稍稍变了一丁点，稍稍时尚一点，但还是祥云。材质我用的是贝壳，我把贝壳镶在金属里面，在中间镶了一颗红宝石。两三个月里已经卖了一千多件了。当我把图片放到我在英国的公众号去传播的时候，很多外国人说也要买。我问他们："你们知道这是什么？"他们说："这是云。"我问他们怎么知道的，他们说："这形状像云，而且是白的。"

我再给你举一个例子，在20世纪20年代，中国的翡翠"席卷"了整个欧洲和美国，如果你想进入上流社会，必须有翡翠饰品。为什

"泉"。翡翠钻石项链。2016年作品。质地通透的翡翠如一汪清水，旁边飞溅的钻石水花，如泉水碰溅到岩石，珍珠从翡翠中间缓缓"流"出。在刘斐的理解中，具象的形只是帮助受众理解这个设计的审美，意境才是设计的灵魂。

么？因为慈禧喜欢翡翠。他们觉得“如果一个东方神秘大国的皇太后有这个，那我们也得有”。

殷智贤：按现在市场推广的观念，慈禧就是意见领袖。

刘斐：没错，现在中国人戴卡地亚和那个时候有钱的欧洲人、美国人戴翡翠是一样的道理。所以我们要做的是如何能够把那种语言讲清，让别人能够听明白。为什么至今西方人都不懂白玉呢？

殷智贤：是因为没有意见领袖吗？

刘斐：这是一个原因，第二个原因，白玉是白色的。翡翠为什么知名？是因为它的符号感非常强烈：叶绿色代表的是东方。

殷智贤：从客观上讲，白玉的气质确实和西方人种的气质不太协调。

刘斐：为什么现在翡翠在西方又不走红了呢？因为无法为翡翠定级别。中国人讲的看水头，看色，这不是一个很直观的、可以量化的评鉴系统，现在的欧洲人、美国人，不认可中国的这种体系。现在当大家都要买真的，所有的大公司要做市场推广和宣传等，都在讲评鉴这个故事的时候，有些内容就讲不出来。当你缺乏统一的国际标准的时候，你又怎么让其他不同语言的人接受呢？

殷智贤：我明白你的意思，今天当我们谈东方元素应用于现代首饰设计的时候，事实上也要去创造一种国际性的语言。如果说东方符号仍然是一种地方性语言，很难跟别人去交流，或者说很难让别人了解它的价值所在，那当你用东方元素的时候，其实你还是在考虑怎么让这些元素成为国际通行的语言。但国际语言又是怎么界定的呢？怎么判断这样的元素就是国际语言，那样的元素就叫地方性语言呢？

刘斐：我觉得回顾历史是最重要的，要去追溯同样类型的事情是怎么被陈述的。同时，意境是我首先要抓的东西，因为它对于我来说是最重要的东西。

殷智贤：真正需要去传达的应该是这个层面的价值。所以这就是我们现在

“深秋”。祖母绿钻石胸针。刘斐2017年作品。设计灵感来源于龙爪菊，18K黄金胸针上镶嵌了一粒9.2克拉祖母绿。正面18K黄金镶嵌黄钻和黄色蓝宝石。背面用18K白金镶嵌梯方白钻，更凸显立体感。花瓣立体缠绕，以体现深秋的灿烂。

这款18K白金胸针的设计灵感来自虞美人花。花瓣采用澳大利亚的蛋白石，每一瓣都是手工雕刻而成，花瓣上散落的玫瑰切工的钻石如同朝日的露水，力求还原虞美人的娇美，花心镶嵌了一颗翡翠，而花蕊则用大小不一、高低不平的黄钻簇拥着翡翠，花茎镶嵌沙弗莱石，末端镶嵌了一颗水滴形的钻石，以此展现大自然的美丽。

的设计师怎么抄西方的设计都不可能抄得像人家原创的那么好的原因。

刘斐：抄不过的。因为文化是在别人那的。但是也不是要去想“故宫有个金碗，我也做个金碗”。可能古人做这个碗已经做了五百年，如果现在再做，即便做五百年，你觉得你很牛吗？人家以前没有现代技术，你现在有了，你想证明什么？证明你现在的技术就只能和过去做得一样好吗？对于气势磅礴的故宫，你说你要再做个缩小版，为什么？五百年后你要留给后人什么呢？

殷智贤：这就像说你会背唐诗和你能作诗是两回事。

刘斐：没错。我们要沿袭的是意义，是意境，而不是形式。形式在不同的时间、地点、环境都会变的，但意境是可以沿袭的。如果意境和形式能够合二为一那是最好的，如果不能，我首先抓意境。如果抓形式的话，它的生命力一定长不了。

殷智贤：有的时候一件珠宝首饰佩戴在某个人身上光彩炫目，戴在另外一个人身上可能就十分不和谐。在你看来，这种内在的契合是在什么层次上发生的呢？

刘斐：我想跟您解释的是，在做设计或佩戴珠宝的时候，如果忽略了人的特质，一定会有不协调的结果。设计师要清楚地知道设计对象的特质，设计对象也必须知道自己要什么。在国内，可能目前大家并不是很清楚自己到底要什么，这是一个过程。归根结底，首饰是为生活服务的，在佩戴首饰的时候，应该很严谨地去分析这个东西适不适合自己。

殷智贤：但问题是，他怎么知道他自己内在的特质要用什么方式表达才是恰当的？有的人连自己内在的特质都没搞清楚，这真的是谁都帮不上忙。有的人好像知道，但是

如果一个人花心思要展现自我，一定是基于他对自我有一定的了解，同时，他也要喜欢他佩戴的那个东西。

他选错了表达方式。比如说，这个人明明很害羞，但她还是挺希望别人能够了解她，注意到她，于是她选了一件造型夸张的首饰，她以为人家因此就注意到她了，但其实人家看了可能会觉得很奇怪：这个人半天不说话，但是身上趴了一只银色的“大蜥蜴”。你知道这种错位是经常发生的。

刘斐：这就又回到消费者在买首饰、佩戴首饰的时候，他的第一目标是什么的问题。比如那个害羞的女孩儿，她戴了个大蜥蜴状的首饰，由此可知她一定不是为她自己而佩戴的。

殷智贤：她为了让别人看见她。

刘斐：对。如果某个人佩戴珠宝，是因为他更着重要体现珠宝的材质，目的是“炫富”，这样的事在中国比比皆是。也有人想通过佩戴首饰证明自己。如果一个人花心思要展现自我，一定是基于他对自我有一定的了解。同时，他也要喜欢他佩戴的那个东西。你说这个很害羞的女孩为了展现自我，戴一件蜥蜴首饰。可事实是她不会喜欢那只蜥蜴，这是她的性格决定的。但是她的目的不纯，为了吸引别人，不是为了自己。如果说她需要显得协调的话，可以戴一颗很精致的、小小的珍珠，而且是那种光泽非常美，质量非常好的。人家在10米以外，就可以看到她戴了一颗小珍珠，这样别人反而会注意到她。而且我相信，像这类害羞的女孩儿应该会被小珍珠吸引。

所以做自己！当你佩戴首饰，要装点自己的时候，让首饰成为生活的一部分，是为你自己戴而不是为别人。

我再举个例子，现在有的宫廷剧拍得非常好，有的拍得粗制滥造。比如《甄嬛传》，我不知道观众有没有仔细看那些妃嫔服饰的颜色、袖边和领角的图案，研究这些和她们的性格有什么样的关系。

殷智贤：我们在这些细节上还没投入太多注意力，能察觉到这些需要很安静、很细致地去体会，而体会之前又需要对人性和器物之间的关系有丰富的了解。像剧中甄嬛从17岁进宫，到27岁成为太后，她的服饰从最初的清纯雅致到后来的奢华艳丽，是和她的命运的变化息息相关的，她佩戴的首饰也从最初的珠玉逐渐演变为后来的黄金、翡翠等贵重宝石，这里面有身份变化的原因，也是她心性变化的展现。那些服饰越来越华贵，可是这个女人的心则逐渐枯死了，最后只是一具裹着华丽外衣的行尸走肉。外表越华美，悲剧性越强。

刘斐：我相信很多观众没有注意到这些细节。现在大家都追求快，可是你在狂奔中能闻到花香吗？你能看到花上停着一只小蜜蜂吗？没有对事物精细的观察和深入的了解，你怎么知道什么适合自己，什么不适合呢？所以你佩戴珠宝，不应该是为别人而应该是为自己。

殷智贤：最后这个问题听起来很需要执行力，背后可能也是一个很不容易把握的事情吧。一个人佩戴首饰，事实上和他的身份、年龄、着装、气质是无法脱离关系的。刚才我们已经谈到了，如果一个人不知道怎么样选择一件恰当的首饰来表达自己，可能就会导致别人对他理解的错位。他对自己的认知其实也是不准确的。通常首饰是无法独立存在的，它是一个综合形象体系中的重要构成部分。当一个人要建立自己的形象体系时，首饰在这个体系里面是扮演什么角色的？比如它和发型、服装、包、鞋这些是一种什么样的关系？

> 最重要的是协调。哪怕我全身穿的是黑色，但我戴了一对大翡翠耳环，或者一对祖母绿的大耳环，也会显得协调。如果首饰不能和佩戴者保持协调，它就已经失去意义了。

刘斐：这应该因人而异。我把这些人简单地归纳为四种类型的人。第一种是非常狂热的首饰崇拜者、追随者、粉丝，他们可能穿得非常简洁。我说的简洁不是简单，而是用所有的时尚元素去烘托自己对首饰的爱。第二种是用首饰发挥画龙点睛的作用，他们本身的形象已经非常完美了，用首饰点缀一下就变得更加完美了。第三种，认为首饰是必须有的，和衣服、袜子是一样的，是生活的一部分。但是既然是生活的一部分，它也就日常化了，所以这类人不会把首饰看得有多重要，但是不能没有首饰。还有最后一种人——不需要首饰。

这四种不同类型的消费者，他们对自己生活的要求、价值观会差别很大。首饰是为我们服务的。如果你觉得它能够为你“画龙点睛”，就用一点。你要是觉得首饰能够让你快乐，想多用，也没问题。或者说你觉得首饰和你压根儿没有关系，可以不用。我的建议是，只要你开心就行，首先是满足自己作为佩戴者的需求，然后再来谈满足需求的方式是否合适。

如果说什么方式才是正确的，我觉得最重要的是协调。哪怕我全身穿的黑色，但我戴了一对大翡翠耳环，或者是一对祖母绿大耳环，也会显得协调。如果首饰不能和佩戴者保持协调，它就失去意义了。

最后我补充一点：要敢于尝试。中国消费者喜欢趋同：别人有什么，我也必须有什么。这就是从众心理，是人自己最大的敌人。我鼓励所有的珠宝爱好者去大胆尝试，这样才能更多地发现新的自我。当然不是盲目地去尝试。

殷智贤：发现更深层的自己之后才会选对首饰。毕竟所有外在的装饰都是对灵魂的一番涂抹，不要涂花了才好。

禁得住细品的设计更有生命力

用首饰传递一个人的精神特质和审美修养是极考验设计师和佩戴者的功力的，因为无论多么醒目的首饰，它的体量都决定了它只会在彼此距离缩短到一定程度时才会被看到。而这个距离，人们看清的不仅是首饰，还有佩戴者本身流露出的很多细节，例如皮肤的质感、发型及妆容的精致程度、牙齿的排列、说话时的手势、语音语调等，这些只有近距离才能捕捉到的信息，成为首饰出场的重要场景。一个人佩戴什么样的首饰，他所怀有的动机、个人的修养都在信息的交汇中展现。

所以，选择首饰，本质上是为了配人。

这个“配”字，其实可以细分出不同的层次——

与身份相配；

与个性相配；

与品性相配；

与价值观相配……

首饰作为服饰语言中的一个组成部分，虽然有相对的独立性，但又必须在被纳入一个人整体的形象体系之后才能对佩戴者的形象塑造做出实在的贡献。一个人对理想自我的勾画要用什么形式表达，决定了这个人会选择什么样的设计，首饰的材质、器型、工艺、佩戴方式，每一点都会折射出选择者的价值观和趣味，设计师通过对这些价值观和趣味加以捕捉和转化，使那些抽象的精神活动通过珍珠、黄金、镶嵌、镂刻、长方形、异形等各种显现让人们感知到。说到底，一件首饰从物料到成器，是人们的情感从幽深处渐渐浮现的过程。禁得住细品的设计是层次精微的设计。

滕菲的设计希望能够带领佩戴者穿越表象，认出内在的情感，让首饰成为生命中的一桩记忆、一段经历或者一种心境的传达。而对大众看重的材质，滕菲则以平常心待之，因为在她的理解中，只有考虑到投资时，才需要考虑升值的问题，如果是为了表达内在的情感，只有合适与否，没有贵重与否的问题，就像与人交往，要分清是为利而交还是为情而交。

如今的首饰可以承担两个主要任务：一个是物理性的装饰需要，与人主要是一种外在形式的关联；另一个是装点人的精神，让不同佩戴者、拥有者相互认知，相互关爱，让精神得到交流，得到慰藉。

殷智贤：在国人生活水平提高之后，人们对于自我形象的塑造有了更丰富、更高品质的追求。早先人们更多地会把消费放在服装上。大概近10年以来，在珠宝方面的消费应该说呈现出非常强劲的上升趋势，而且珠宝消费的方式也越来越丰富了，不仅仅是贵金属或者宝石的消费。事实上，一些设计感很强、艺术性很强的首饰，也有着越来越强劲的市场需求，而且在年轻的人群里表现出更强烈的热情。

您常年做首饰设计，您觉得首饰在今天的生活中扮演着什么角色？

滕菲：我认为如今的首饰可以承担两个主要任务：一个是物理性的装饰需要，与人主要是一种外在形式的关联；另一个是装点人的精神，让不同佩戴者、拥有者相互认知，相互关爱，让精神得到交流，得到慰藉。

殷智贤：从您既往的作品里我看到了对首饰和人精神世界的思考，无论是您当年用胎记做造型的首饰设计，还是您做的黄金首饰系列，我注意到您对于首饰和人之间的关系有非常宽广的思考疆域，您的设计给人们提供了一种开放性的理解，让人们重新认识自己与物质和精神之间的关系。在很多人用珠宝装饰自己的时候，您怎么通过设计让珠宝成为人们表达自己或者传递自己内在情感的载体？

滕菲：你刚才提到的那几件是2007年个展中的作品，展览里所有的作品都是我为自己量身定做的，无论是选择材料、形态元素，还是对内在情感事件的提炼，都与我自己的生命经验有关。

作品“那个夏天”想表达的是：作为女性，会经历生命中的一次质变——通过新生命的诞生和母体的再生，可以对两个生命体有再

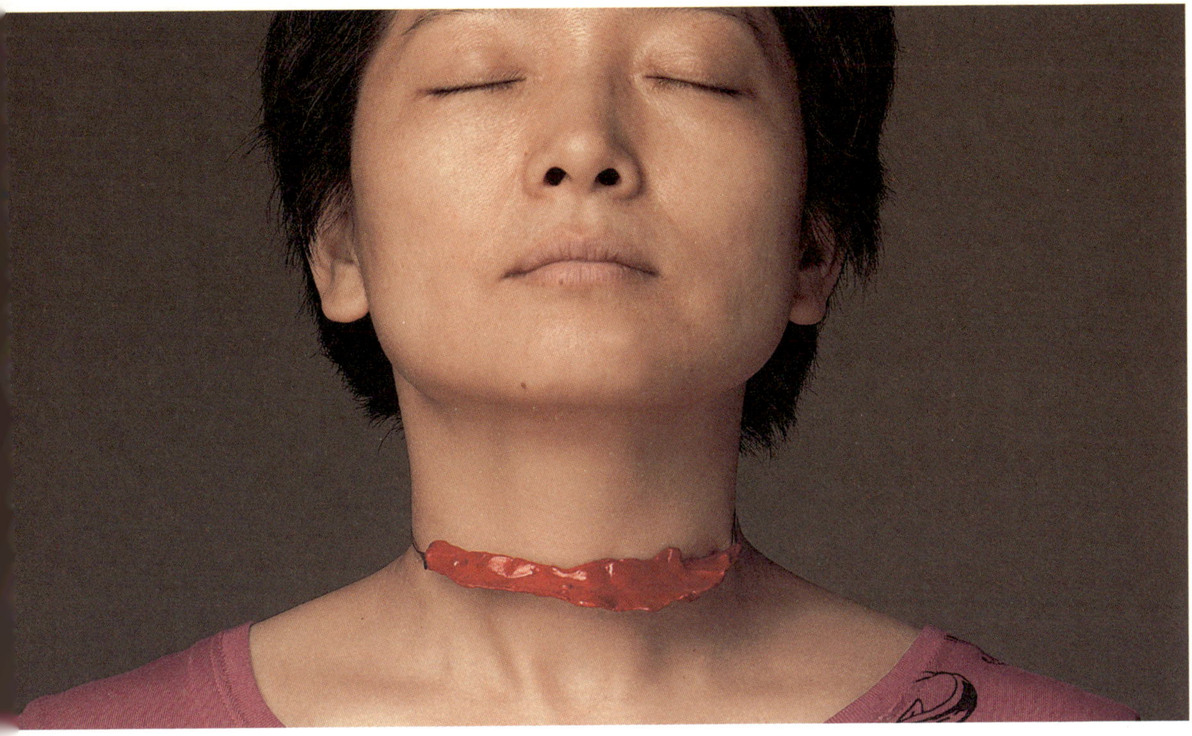

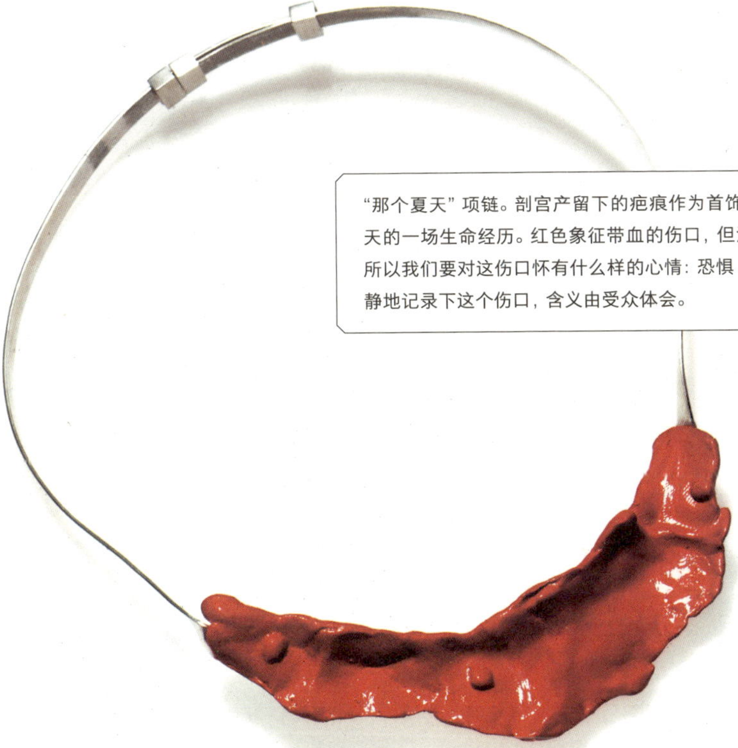

“那个夏天”项链。剖宫产留下的疤痕作为首饰的一款造型，记录下那个夏天的一场生命经历。红色象征带血的伤口，但没有这伤口，生命无从降生。所以我们要对这伤口怀有什么样的心情：恐惧？厌恶？感恩？怜惜？滕菲平静地记录下这个伤口，含义由受众体会。

“浮珠系列”。左：葡萄仙子。保存着指纹肌理的银质底托与珍珠形成质感上的反差。细与粗、润与枯、硬与软是共生的概念，只有同时出现，才能彼此催生。右：情窦。共同的底托上两朵分离的蓓蕾，已经成形的戒指成为爱情的信物，被凝固的瞬间也能凝聚两颗心吗？

“一寸光阴”。滕菲所慨叹的是即使我们小心守候岁月，变化却还是不自觉地附着于身。她将一寸黄金拉长同时使其变窄。这种形上的变化是在呈现一个真相：生活就是这样，你总是会变，但拥有只是失去的另一种方式，不同的是不同情境下的人生体验。

一次的思考。我把这用首饰的语言呈现了出来。我想这样的作品面对不同的受众会生成不同的问题，对我个人而言，它是一个事件的记录，具有纪念性。在佩戴方式上，我选择了比较贴切地卡戴在脖颈上，而不是宽松地垂挂在肩颈间。这件首饰若为他人所用时，也可以松散地戴在肩颈，会是一个很漂亮的点缀。“这个夏天”于我有特定的意义，诠释了爱与生死的命题，最贴合的表述便是将它恰如其分地卡戴在脖颈上。

殷智贤：剖宫产的疤痕是一个母亲生育的印记，所以，以此为设计元素的首饰是对那场伟大经历的纪念，无论是母亲本人还是孩子，佩戴这件首饰都可以感知到那里面所包含的爱。

人们佩戴首饰，有些人是为了装饰，有的人是为了炫耀，有的人想证明自己是谁。但我从您的作品中看到您给大家一个新的选择：我可以借由这个首饰表达我的情感。比如“那个夏天”，它让我印象深刻，因为那是对一个母亲孕育一个生命的纪念。包括“一寸光阴”系列作品，都是您在分享时间之于我们的意义的一种感悟。目的不是给别人看，更多的是借由这个东西表达自己的内心。人们现在想表达自己有很多种方式，首饰是其中的一种，但怎么才能借由首饰表达这种情感？有时候表达会错位。您觉得这种表达怎么能做到真诚和准确？

滕菲：如果讲到真诚，一定是有感而来的。你会去抓住自己特别想说的东西，然后找到最准确的呈现方式。

我个人的创造手法大抵可分两类，一种是散文随笔式的，比较便捷自如，有想法就用蜡捏制记录下来。比如像胎记、浮珠系列更多是采用这种表现手法。另一种是选用银质材料来铸造，结合珍珠、玛瑙、琉璃等其他不同的材料。通常人们对金属的认知都是坚硬、冰冷，缺少一点温度。我通过手作改变了金属原有的特质，在银质表层保留指纹，让它变得自由、温暖。一旦材料和手法都确定了，剩下的就是选择合适形态的珍珠、玛瑙与之相配。我选择的珠宝，异形的比较多，因为材料本身已蕴含和呈现出丰富的信息，如何选择和准确运用，与造型之间的关系怎样，这都会直接影响作品的呈现。

殷智贤：银、珍珠和玛瑙，这几种材料有个共同的特点：不是很闪亮。人家说珠光宝气，比如钻石、黄金是闪闪发光的，而您选择的这些，像银器、珍珠等看起来是比较温润的材质，除了视觉上的差别，您觉得它们之间深层的差别在哪儿？从表面上看，可能闪光度不同，对人的视觉和触觉的刺激不同，但从情感上来讲，两者差在哪儿？为什么您更推崇用温润、内敛、亚光的？

滕菲：我也用黄金，“一寸光阴”系列不就是用的黄金吗？但我绝对会进行亚光处理。

殷智贤：您为什么选择用这样的材质来表达情感？它表达的情感和用钻石、黄金表达的情感有什么不同？

滕菲：有一句话叫“沉默是金”，金是很珍贵的意思。一个人的审美品位和价值观都会在选择中发挥作用。太闪亮的东西我会觉得过于浮躁，深沉低调的东西似乎蕴含的力量更强，也更有厚度。我比较钟情相对沉稳、低调、内敛的气质。当观者看到一件用心之作，是能够发现里面的闪光点的。闪闪发亮的东西很直接简单，有时候我会用来衬托我想突出的部分，这是审美上的问题。我喜欢的表达方式是那种浑然天成的、自由的，能让我捕获宽厚、纯粹和质朴。

殷智贤：做人和做东西是一样的，低调、温和的东西更能塑造美好的情怀。

殷智贤：您的作品给我留下的印象是，有人气，但不会让人看着有太多人工雕琢的痕迹。现在有很多珠宝产品在强调高品质的时候，总是说自己的工艺精湛，磨了多少面，能做出多复杂的造型，比如能用钻石做海豹、猫头鹰。为什么您更愿意选择您现在的方式？您是希望倡导一

滕菲作品“心经”系列。上：“暗香浮动”。2010年被作为国礼赠予葡萄牙前总统阿尼巴尔·卡瓦科·席尔瓦和夫人玛利亚·阿尔维斯·席尔瓦。中：“梅之蕊”。2011年被作为国礼赠予美国前总统贝拉克·奥巴马和夫人米歇尔·奥巴马。下：“清香风满枝”。2010年被作为国礼赠予法国前总统尼古拉·萨科奇和夫人卡拉·布吕尼。

种什么样的价值观？

滕菲：近几年“工匠精神”成了一个时髦的词，大家似乎都在不假思索地推崇工艺，乃至有“工艺至上论”。我则愿意保持自己的观点。对传统工艺或者社会变迁中的传统工艺该怎样去传承？应该让传统保持鲜活，并活用于当下。关键还是要弄清楚工艺的价值所在，不要为秀工艺而秀工艺。对材料工艺的运用一定是基于作品特质的需要，准确到位即可形神皆备，过分炫技则会貌合神离，在我看来这也是一种媚俗。有的作品虽然工艺很精致，但就是显得不好。可见工艺的价值一定体现在作品终极的准确度上。如果我的这个作品的诉求是传达我们刚才谈到的气质，那么在上面添加过多的细节就成了画蛇添足，对作品无疑是一种折损。

关键还是要弄清楚工艺的价值所在，不要为秀工艺而秀工艺。对材料工艺的运用一定是基于作品特质的需要，准确到位即可形神皆备，过分炫技则会貌合神离。

殷智贤：刚才我提出这个问题是因为现在可能存在一种误导：似乎越是繁复、精巧的工艺，越有价值。在别人看来，如果你不用什么技巧，那别人应该怎么来欣赏你作品的技艺价值？一个貌似不用技巧的设计，应该怎么体现工艺上的价值？

滕菲：我觉得工艺上的价值是在作品背后的。当你整天在说这个工艺怎么样，这个作品怎么样时，可能就会被无关宏旨的东西化解掉，显得喧宾夺主了。比如“一寸光阴”用的是黄金，但我会将正面做成亚光的，而且做得单纯精致，背面则处理得特别复杂，跟正面形成反差，正反面构成一种制衡。金片背面有一个用来穿链子的结构，这个结构要让人觉得好像没有着意设计过。在这类设计作品中，我的苛求点在于造型的细节处理，包括形态是方是圆、方圆的细微差异度怎样、什么样的比例最合适、出现多少个字、用什么样的字体和字号呈现等。

殷智贤：比例、光泽和亮度的把控等。

滕菲：不要珠光宝气，那样给人更多的是外在的东西，拒人心于千里之外。

殷智贤：向外张扬而不是向内聚合。

滕菲：其实每个人的内在都是很柔软的，需要滋养，需要安静，需要拉近距离倾听。通过视觉乃至触觉、嗅觉、听觉让人感受到温暖与亲和。我个人比较在意这些，所以在设计时会考虑如何呈现这样的诉求。

殷智贤：可能目前中国那些所谓特别的、一下子就能抓住眼球的东西更引人注目。很多人佩戴首饰的时候，其实会有一个诉求：希望自己看起来与众不同。您选择的材质以及不动声色的精巧工艺都不是一下子就夺人眼球的，您的作品中关于首饰的思考也不会第一时间给人渴望张扬的满足感，不会让佩戴者一下子鹤立鸡群，那么在今天，当人们佩戴首饰的时候，为什么您认为抒发内在情感比能够引人关注更重要？

滕菲：因为前者关乎佩戴者自身的精神体验，而后者则更在意他者的眼光。一件东西被解读是需要语境的：在什么氛围下，有什么特定的要求等。比如某人选择佩戴某件首饰，那么这对他的妆容、服饰、整体的气质都会有所要求。通过恰当的语境，把首饰内在的特质很好地传递出来，这种传递看上去一定也是无意而为之的，因为此时还有佩戴者的参与，只有与人和首饰相关的一切自然地融合于一体时，才是最贴切的解读语境。佩戴者从该过程中所获得的全部体验及价值已远远超越了通过首饰引人关注这件事本身。

殷智贤：您的东西是需要品的，需要身体距离近到一定程度，安静地欣赏佩戴者的时候，才会看得见您的设计。这样的话，珠宝被戴在人的身上，支持他被人注意到的力量不就消失了吗？

滕菲：这是我的诉求。因为我不喜欢在众目睽睽下去炫耀那个东西。

我不大喜欢用珠宝这个概念，我更看重首饰的精神性。在物质非常丰富的今天，珠宝业的大品牌供过于求，选择性很多。而在缺少人文关怀的今天，我更愿意在首饰这方面做些尝试。我提出了为个体精神需求量身定做的观念。这个量身定做不是为肉身进行尺度上的量身定做，诸如几号戒圈，怎么变换外在装饰，而是指向个体精神层面的量身打造。这是一个特殊的时代，比如生活中见过或听说过的抑郁症患者不在少数，他们需要的不是物质上的装点而是精神上的关爱。

量身定做不是为肉身进行尺度上的量身定做，诸如几号戒圈，怎么变换外在装饰，而是指向个体精神层面的量身打造。

殷智贤：您谈到了佩戴方式。首饰和什么样的服装搭配、出现在什么场合、如何佩戴等，都决定了这件首饰的魅力能被发挥到什么程度。您认为当一个人处理首饰和自己之间的关系的时候应该考虑哪些因素？

滕菲：我给我儿子做过一件生日礼物“辛卯年”。那是前些年他在国外上学时过生日，我给他做的一个吊牌。把键盘上的Ctrl键（控制键）和储存键设计成一个吊牌的形式，一看便知是电脑上的符号，但也有自己的设计细节。吊牌的背面是我和他爸爸的电话号码，看似简单的设计，对工艺的要求却不简单。为了体现精致，我把可以处理成一个整体的两个结构有意识地做了拆分，最后再组装成一个整体。把工艺隐藏在作品里，且有意让人感觉不到，凸显它的自然生成。表面尽量不显露工艺的细节。我以为，不管是演员表演，还是工艺秀技，你的技能应该融在角色或作品的背后，才是讲究。这个吊牌式的挂件简洁率性又不失考究，他很喜欢，也受到一些年轻人的喜爱。我想是因为这个设计的定位与他们的生活很贴合，包括佩戴方式的考量和工艺所呈现的特质都还挺匹配。

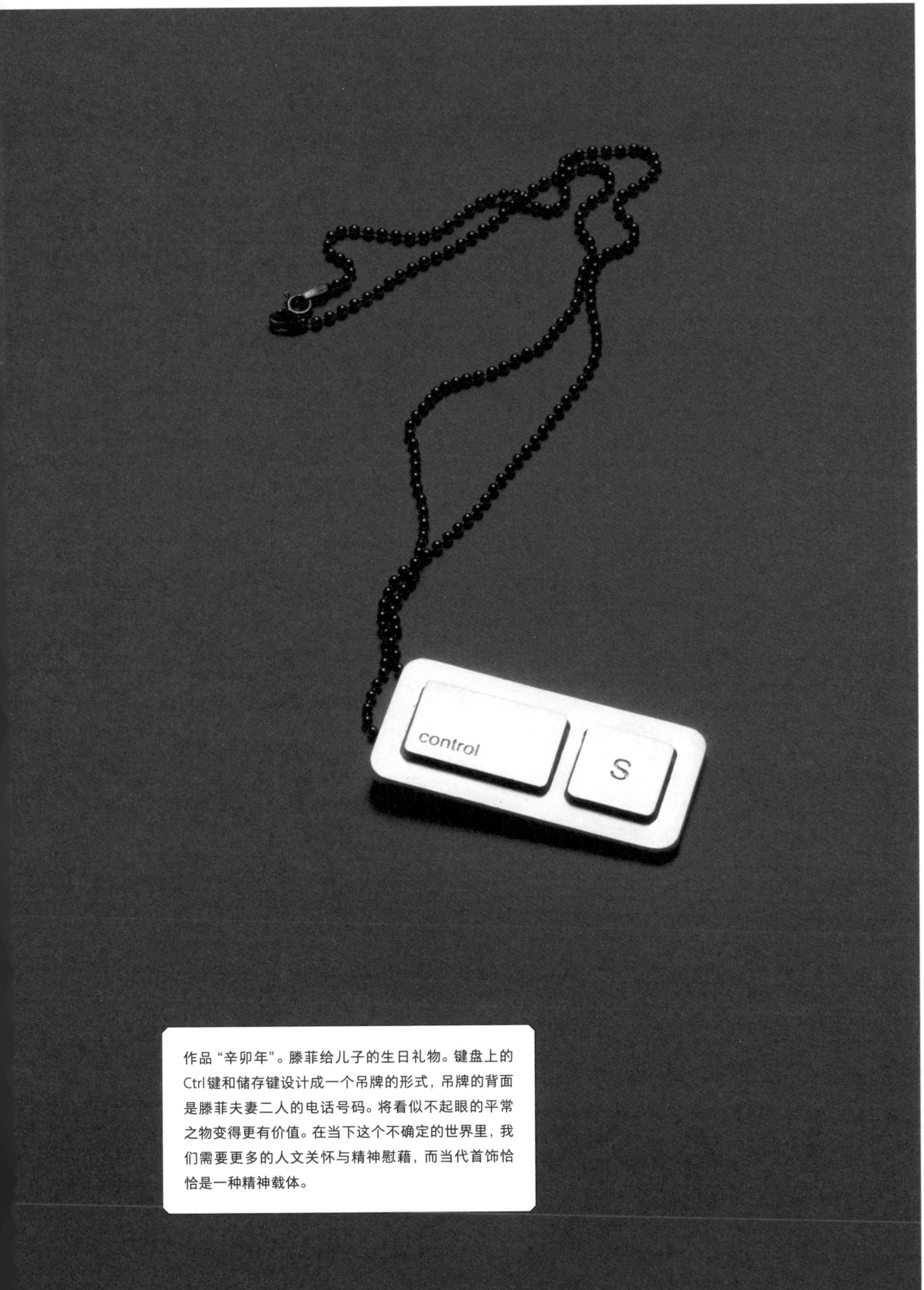

作品“辛卯年”。滕菲给儿子的生日礼物。键盘上的Ctrl键和储存键设计成一个吊牌的形式，吊牌的背面是滕菲夫妻二人的电话号码。将看似不起眼的平常之物变得更有价值。在当下这个不确定的世界里，我们需要更多的人文关怀与精神慰藉，而当代首饰恰恰是一种精神载体。

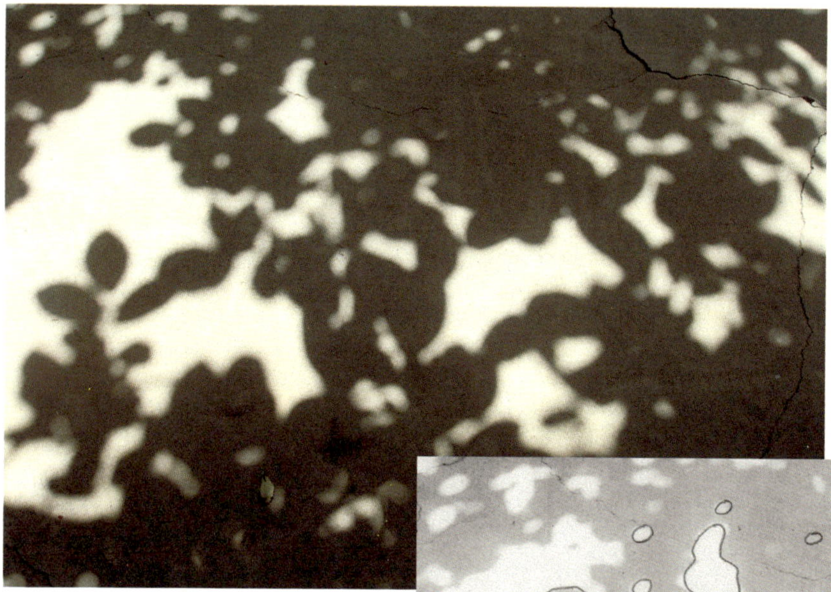

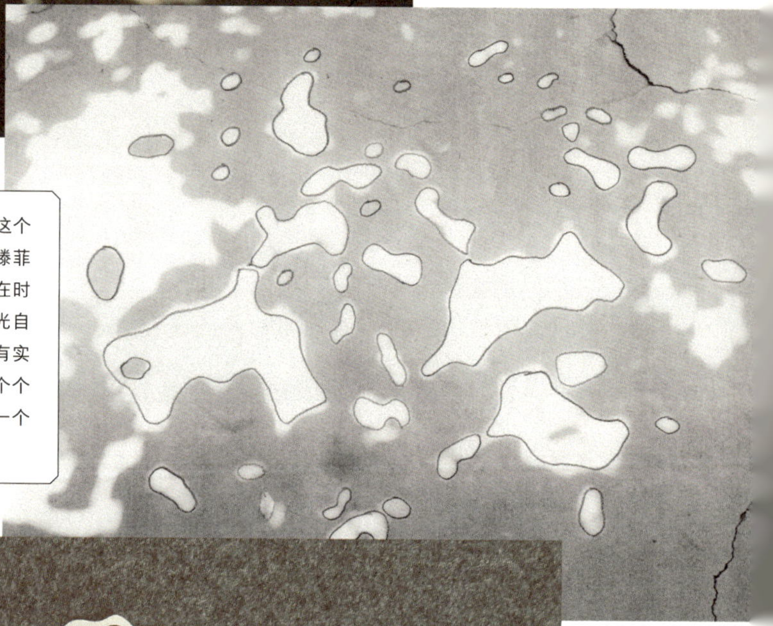

作品“寸·光阴系列”之“过程”。这个造型采撷自叶片间的光影形象。滕菲希望这个意象可以提醒我们生命在时间中的流动过程。每一个链圈是光自叶片间投下的光斑，光斑其实没有实体，是人心的捕捉才记录下这一个个瞬间的显现，而人这一生不就是一个又一个这样的瞬间串起的吗？

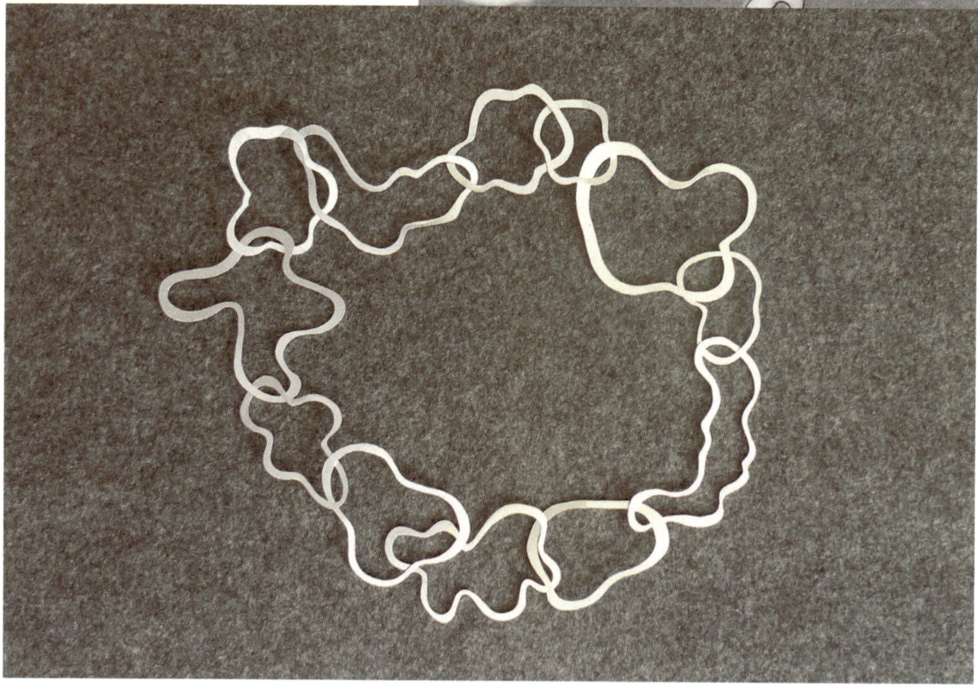

如果是去参加比较正式的仪式，那就要琢磨穿着得体的问题。包括服装和佩戴首饰的方式。

如果要参加一个派对，觉得手里的首饰略显刻板，又没别的东西可替代，就可变换一下佩戴的方式，让同一件作品发挥出更多的隐性价值，通过不同的佩戴方法，体现出更多应用的可能性。就改变佩戴方式而言，除了基于首饰本身的考虑，还可以衍生到与衣服的质感、色泽和佩戴者的发型等的关系的处理上。

殷智贤：对于服装与首饰的搭配，您有什么建议？

滕菲：这个问题有两个层面。首先，大格调是比较雅致的服装，首饰也应当定位在这样的特质上；其次，在这个调性上，要让首饰与服装的气质略有反差或对比。如果身上的面料是亚光的或其他相对含蓄的，首饰的材质可以略显张扬些。还比如，如果服装很宽松的话，首饰形态的选择就要相对严谨一点。整体的效果要收放自如，张弛有度。若两者都松垮、松散了，缺少制约，就会显得邋遢。服饰的率性感也需要得体地衬托出来。细说起来，具体到每一套衣服和每一件首饰的关系，都是很微妙的，无论关系多么错综复杂，都要讲究分寸感。

殷智贤：现在男士也开始佩戴首饰了，原来男性身上唯一的首饰就是手表。现在有一些男性也开始更多地注意袖扣、戒指、胸针这些配饰的搭配。对于男性佩戴首饰，您怎么看？

滕菲：我觉得只要用得恰到好处，都会给自己的气质加分。比如对于着装有统一规范的职员或者官员等，工作场合要求西装革履，可以在衣领、领带夹、袖口等部位，稍做处理，细节处彰显一下个人的喜好。

首饰是个符号，它是人与人之间交流与沟通的媒介。透过细节你可以看到同质化的外表下某人的特别之处，还挺有意思的，或许通过这些细节，恰恰可以帮助我们拉近人与人之间的距离，让交流更顺畅，减少些对人的误读、误解。严肃的装束背后或许藏匿着很调皮、很亲和的个性。通过他身上的佩戴物，你可以了解到他的文化背景、他的喜好。所以首饰还是一个交流的媒介。

殷智贤：相对来讲，时装的寿命更短，新的市场营销手段会让服装只有一季的寿命，以便消费者在下一季买新的。但是对于首饰而言，显然不能把这个作为时间周期或产品的个性周期。有很多首饰甚至可能是传家之宝，有些首饰真是拥有者个人喜欢的，留上几十年也是有可能的。那么作为一名首饰设计师，怎样化解这种时代的局限性？有一些金属或珠宝，由于材质贵重，本身能够抵消时间对它的消磨，但仍然会面临款式上的老旧等问题，而不使用贵的金属或者高级宝石，诸如用普通的信手可得的材质做的首饰，就材质本身而言，没有所谓的保值作用，那么设计怎么来抵抗时间对它的消磨呢？这就要谈到所谓经典性和时尚性的问题了。

首饰原本就带有一种贵重的特性，它被用作点睛之物，可见它应该是备受关注的。那么究竟应该关注它的什么？如果仅仅停留在关注它表象的相关属性上，那肯定是不够的。

滕菲：其实要看它的功能定位在哪儿。如果要保留得相对久远的话，可能就要选择讲究一点或者说耐久一点的材质。这是贵重珠宝的基本诉求。高级珠宝耐久的特质，可以使它完好如初地一直用下去。但总有一日它会面临样式不再时尚鲜活，抑或材质、色泽显得保守过时的问题。我想这是因为它的固化，不够灵动。为此我做过一些研究，议题接近“经典性如何不失时尚”。

我用“飞花摘叶”的概念做了两组东西，想突破一下“凝固性”珠宝的多种可能性，以确保珠宝可以显得更轻松自由，风格随时代的变迁还可以有重组更新的可能。

这个设计的外面是一个盒子，打开有7片叶子、一根链子和一个

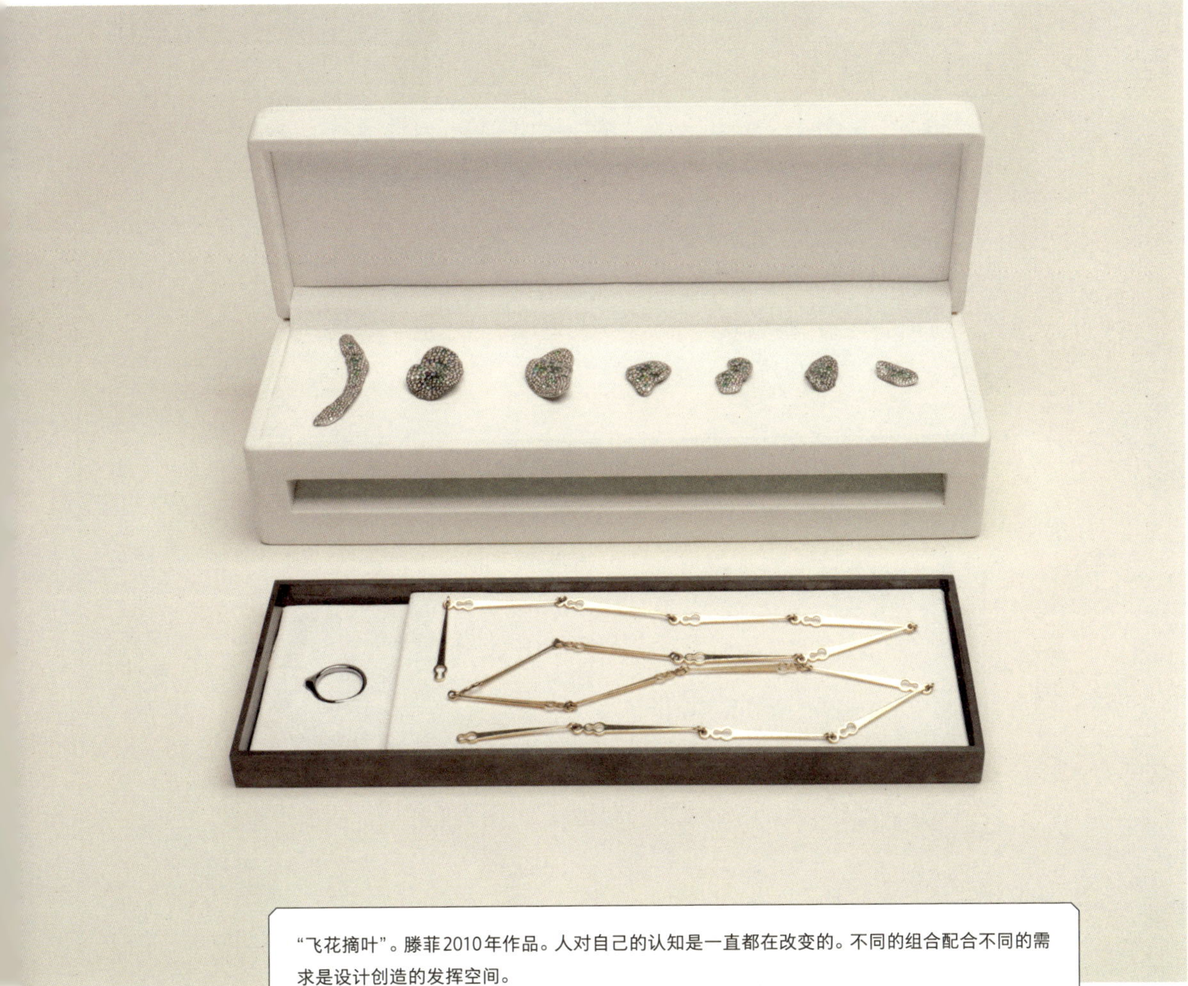

"飞花摘叶"。滕菲2010年作品。人对自己的认知是一直都在改变的。不同的组合配合不同的需求是设计创造的发挥空间。

戒环。像在不经意间捏制的叶片，它们自由自在，像精灵变幻不定。叶片用高级珠宝的手法制作，镶钻有白金和黄金两个系列，其中叶面上粉白相间的钻石或水晶，好像桃花叶片。这个设计的重点是在佩戴方式上。项链和叶片可以随佩戴者的意愿自由组合。我打破了珠宝的传统样式，用最简化的元素来实现视觉的多样性。设计这条链子也有细节上的讲究，否则就达不到摘取的自由。打开特制的首饰盒，享受轻松的一日，便可取出一片或两片小小的叶子，或者用其他首饰与那原本就可以裸戴的链子相接。每一种组合，都会是完美的。若要隆重

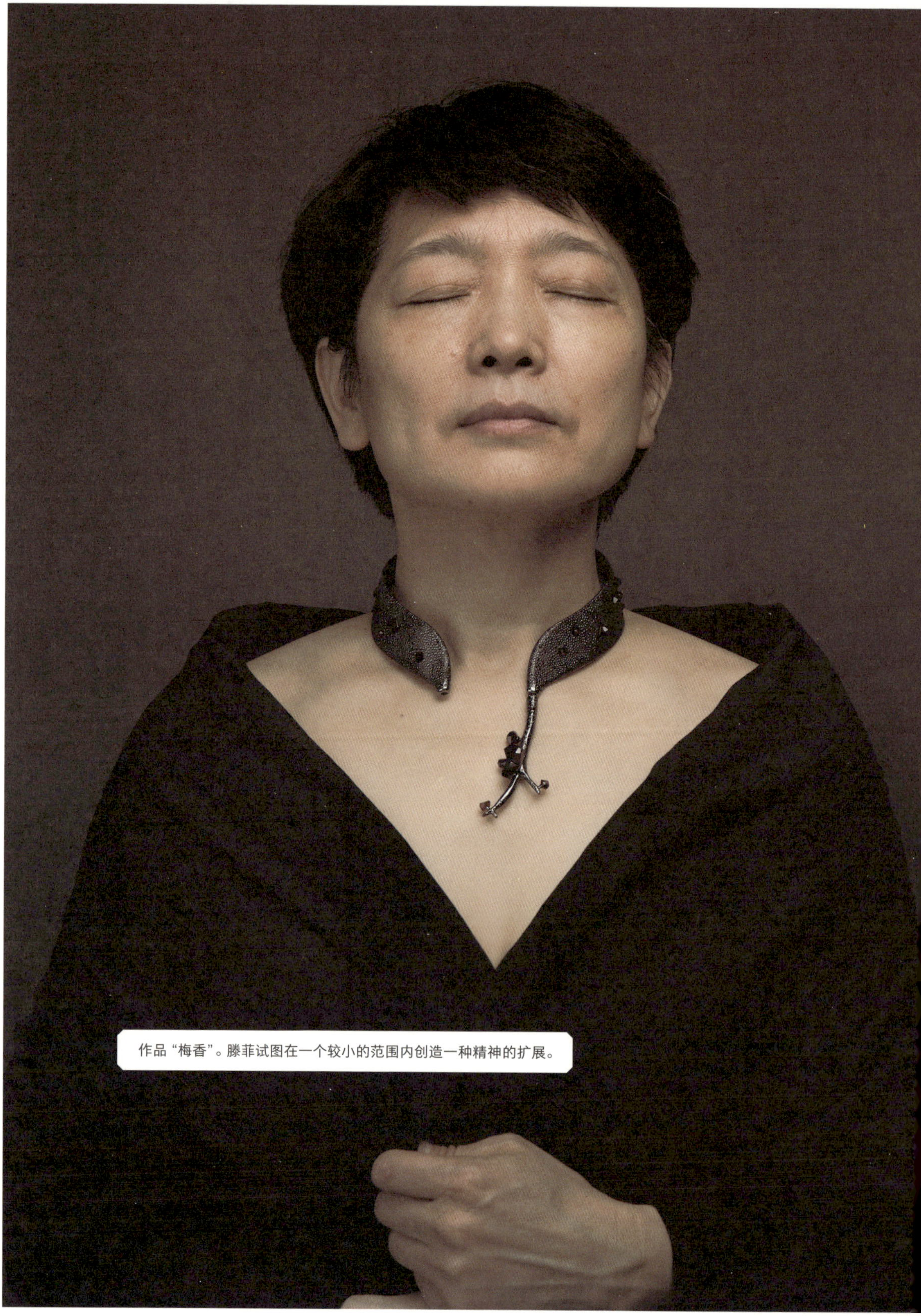

作品“梅香”。滕菲试图在一个较小的范围内创造一种精神的扩展。

感、端庄，也可将7片叶子都展现于一体，另外，当有需要时，叶子还可以装上戒环当戒指佩戴。

殷智贤：长度不一样，花和叶的位置不一样。

滕菲：盒子也是设计的一个重要环节。叶片的工艺和材质继承了珠宝的品质，但比经典类珠宝更显灵动、轻松、天然。

“梅香”这一作品中，我设计了不规则的宝石，这个新尝试需要与磨石师傅交流，把自己的诉求用具体方案告诉他，让他理解这个细节对整体设计的重要性，以尽可能获得接近自己审美需要的宝石。通过镶嵌宝石的形态来做设计的突破口，因为宝石具有方便置换的功能，试图通过这些细节的设计让珠宝具有时尚性的同时也能折射出更持久的经典性。

殷智贤：现在好多人讲可以将宝石切割72面、76面。

滕菲：那都是很规范的。

殷智贤：那是非常传统的工艺理念下的。

滕菲：所以一直是基于这种思路在研究切割工艺，目的是彰显它的华彩与贵重。我的首饰不从工艺这个角度去体现贵重，而是更在乎能否与人在精神上、情感上交相辉映，尤其在当下，这个目标还是我非常看重的。

殷智贤：这样人们使用时的体验就变得不一样了。

滕菲：网络时代一切变得快速和方便。我们在发现一些缺失的同时必须直面现实。首饰原本就带有一种贵重的特性，它被用作点睛之物，可见它应该是备受关注的。那么究竟应该关注它的什么？如果仅仅停留在关注它表象的相关属性上，那肯定是不够的。

殷智贤：既然是点睛之物，还是要让这个“睛”真正有生命才算是实现了价值。

后记

这是一本社会学理论体系下的访谈录。

做这本书的初衷可以追溯到2006年9月年我在中央美院城市设计学院开的一门公共课“设计社会学”。这是中央美院邀请校外人士讲授设计的一次尝试，目的是全面拓展学生对设计的理解和思考的视野。那是我用社会学的理论解读设计的第一次学术尝试，学生们的反馈非常热烈，他们说一个学期下来，他们对设计有了超出之前对设计本身的很多思考。

这次经历让我对建立审视设计的多方位视角充满了兴趣，在后来的观察和思考中，我发现了影响和塑造设计的多种力量是如何与设计互动的，其间的内容丰富而深邃。这也促使我在推动本土设计发展的努力中去尽可能地打开更多的窗口。

今天中国面临劳动力负增长、人口负增长的压力，国内产能过剩，“中国制造”要实现产业升级；随着中产阶层的快速崛起，人们对生活品质有着越来越高的要求；等等，在这些变化的宏观环境中，整个社会的发展模式都需要做出相应的改变。

与此同时，越来越多的国人视野逐渐开阔，审美水平日益提升，对个体价值的重视和对精神生活的追求，都要求设计不能仅仅满足物质层面的需要，还必须和受众的情感、价值观等产生共鸣。

更深层的变革的动力来自文明的碰撞。

中国在改革开放40年之后，国际上并没有公认的“中国设计”的概念和群体。我们还没有在设计的价值观、审美和工艺及技术上确立自己的独特性，这些层面的薄弱使我们在重建自己的文化自信和发展模式中缺失了非常有价值的一块拼图。倒不是为了超过别人，我们才要和欧美、日本展开设计竞争，而是在20世纪之后，几乎还没有一项改变世界的设计是来自中国，而未来，中国不应该继续缺席了。

这是需要全社会共同培养的力量。还是那句话：有什么样设计修养的国民，才有什么样水准的国民设计。

在时尚媒体工作20余年的经历，使我有机缘接触设计领域的很多优秀人士，他们关于设计的思考和实践令我觉得应该与大家分享。

本书前后历时两年半，感谢张永和、王澍、吕敬人、韩家英、吕永中、杨明洁、俞孔坚、万宏、滕菲、梁子、刘斐、上官喆各位嘉宾贡献的见地与作品。每一位受访者都是其所在领域的代表性人物，或是泰斗级的大师，或是专业精纯的达人，或是富有争议的“标靶”，或是破除既有常规的新锐。借由他们的分享，我们可以清晰而生动地看到影响设计的诸多社会力量如何催生出当下的中国设计，又可以从哪些角度去品评设计的价值。

感谢鲁力佳、陆文宇、黄志华、牛斌、关江、董芳、宋漪、贾会敏、周丹阳、龚小荣、郭劲松、黄冠宇、余冰、张永超、霍雨佳、苏泓月、任抒燕、郝宁、王锋、袁园、孙华琍、于冰对本书的成书所给予的各种帮助；感谢北京张永和非常建筑设计事务所有限责任公司、业余建筑工作室、龙腾精英国际模特经纪（北京）有限公司、深圳市梁子时装实业有限公司、深圳市仁立天臣文化艺术有限公司为本书供图；感谢中信出版集团及编辑卢自强、黎永娥为本书的出版所做的各种努力；感谢杨林青老师的出色设计，使本书的阅读得以有优美而清晰的节奏。

诚挚地希望能够看到更多的好设计和有修养的设计消费者，那是中国品位的未来。

受访嘉宾简介

吕敬人

书籍设计师，插画家，清华大学美术学院教授，国际平面设计联盟成员。曾被评为“对中国书籍装帧50年产生影响的10位设计家”之一、“亚洲十大设计师”之一、“对新中国书籍60年有杰出贡献的60位编辑”之一。曾获首届华人艺术成就大奖、中国设计事业功勋奖。作品曾获“世界最美的书”奖、全国书籍装帧艺术展金奖，2次获中国出版政府奖、12次获“中国最美的书”奖等国内外奖项。

张永和

建筑设计师，非常建筑主持建筑师，哈佛大学“丹下健三”荣誉讲席教授，麻省理工学院教授，同济大学教授。2011年至2017年担任普利兹克建筑奖评委。曾获日本《新建筑》国际设计竞赛一等奖、联合国教科文组织艺术贡献奖、美国艺术与文学学院建筑学院奖、中国建筑传媒奖实践成就大奖。

王澍

建筑设计师，普利兹克建筑奖首位中国籍得主，哈佛大学“丹下健三”荣誉讲席教授，中国美术学院建筑艺术学院院长。曾获法国科学院建筑学院金奖、威尼斯双年展建筑大奖。曾入选《时代周刊》“全球100位最具影响力人物”。

韩家英

平面设计师，国际平面设计联盟成员，中央美术学院客座教授。曾任德国红点设计大奖评审。曾获亚洲最具影响力设计奖金奖、福布斯中国最具影响力设计师，以及日本富山国际海报三年展铜奖、墨西哥国际海报双年展金奖、捷克布尔诺国际平面设计双年展荣誉奖等众多国际奖项和荣誉。多项作品收藏于英国、法国、德国、丹麦、日本、中国香港等国家和地区的国际文化中心及艺术机构。

滕菲

首饰设计师，中央美术学院教授，首饰专业创建人、学术带头人。曾获第十届全国美术作品展金奖、教育部“新世纪优秀人才”“中国珠宝首饰设计大师”称号。作品被国内外多家美术馆、博物馆及一些私人藏家收藏。作品“梅”系列作为国礼被赠予巴西、美国、法国、葡萄牙、俄罗斯等多国总统及夫人收藏。

俞孔坚

景观设计师，美国艺术与科学院院士，长江学者特聘教授，国家千人计划专家，北京大学建筑与景观设计学院院长。作品曾12次获美国景观设计年度大奖，4次蝉联世界建筑节全球最佳景观奖，3次获国际建筑奖，并获第十届中国美术作品展金奖和美国城市土地协会全球杰出奖等国内外重要奖项，19个作品被收入欧美大学教材。

万宏

花艺设计师，中国花艺教学开创者之一，中国插花流派易花道创始人，中国插花花艺协会常务理事，日本池坊花道正一级教授。曾获中央电视台“时尚中国”花艺师大赛第一名、“最佳花艺师”称号，全国首届插花花艺大赛总冠军。

梁子

时装设计师。曾游学于巴黎、纽约、伦敦。品牌天意（TANGY collection）创始人。致力于莨绸面料的时尚化、再度活化20余年，被誉为“中国时装环保大师”。

吕永中

室内/家居设计师，中国建筑学会室内设计分会理事，吕永中设计事务所主持设计师，半木品牌创始人兼设计总监。毕业于同济大学，留校任教逾20年，长期致力于室内空间及家具设计。曾获福布斯中国最具影响力设计师等荣誉。

杨明洁

工业设计师，YANG DESIGN及羊舍YANG HOUSE创始人，同济大学客座教授。曾任职于西门子设计总部，先后获得包括德国红点奖、iF设计奖、日本G-mark设计奖、美国工业设计优秀奖（IDEA）、亚洲最具影响力设计奖银奖及福布斯中国最具影响力设计师在内的近百项国内外大奖和荣誉。

刘斐

珠宝设计师，Fei Liu Fine Jewellery品牌创始人兼设计师。作品“快乐的喷泉”获英国金匠精工艺与设计大赛一等奖，成为英国高级别珠宝大赛史上首位获奖的中国设计师。曾获瑞士巴塞尔珠宝大赛“十佳设计师”称号及有“珠宝界奥斯卡”之称的英国珠宝大奖（UKJA）年度最佳设计师等30项国际珠宝奖项。

上官喆

时装设计师，同名男装品牌SANKUANZ创始人。毕业于厦门大学，获视觉传达与广告学双学位。2015年入围“第二届LVMH Prize青年设计师大赛”，2016年和2017年两次入选“全球时装行业精英榜（BOF）500强”。

图书在版编目（CIP）数据

设计的修养 / 殷智贤主编. -- 北京 : 中信出版社,
2019.4（2020.12 重印）
ISBN 978-7-5217-0140-1

Ⅰ. ①设… Ⅱ. ①殷… Ⅲ. ①设计学 Ⅳ. ①TB21

中国版本图书馆CIP数据核字(2019)第037369号

设计的修养

主　　编：殷智贤
出版发行：中信出版集团股份有限公司
（北京市朝阳区惠新东街甲4号富盛大厦2座　邮编　100029）
承 印 者：北京永诚印刷有限公司

开　　本：787mm × 1092mm　1/16　　印　　张：19.25　　字　　数：210千字
版　　次：2019年4月第1版　　印　　次：2020年12月第3次印刷
书　　号：ISBN 978-7-5217-0140-1
定　　价：98.00元

服务热线：400-600-8099
投稿邮箱：author@citicpub.com